理想·宅　编

中国电力出版社
CHINA ELECTRIC POWER PRESS

内 容 提 要

在所有装修家居空间的手段中，色彩设计是最直观、最有效的一种。色彩不仅能够美化居室，还能够改变人的心情，让人们对家有归属感，这是其他设计手段达不到的。本书将家居空间细部的色彩设计作为主要内容，从色彩设计的基础知识开始进行解读，共分为四章，不做空泛的理论讲解，而是将具有代表性的图片与文字和色块图标结合起来，以更直观的版式面对读者，不仅适合刚刚入行的专业人士，也适合对色彩设计有兴趣的业主和其他非专业人士，是非常有参考价值的书籍。

图书在版编目（CIP）数据

家居空间色彩解读. 细部设计 / 理想・宅编 .— 北京：中国电力出版社，2017.8

ISBN 978-7-5198-0822-8

Ⅰ. ①家… Ⅱ. ①理… Ⅲ. ①住宅–室内装饰设计–细部设计–装饰色彩 Ⅳ. ① TU241

中国版本图书馆 CIP 数据核字（2017）第 132686 号

出版发行：中国电力出版社
地　　址：北京市东城区北京站西街 19 号（邮政编码 100005）
网　　址：http://www.cepp.sgcc.com.cn
责任编辑：曹　巍　乐　苑（010–63412380）
责任校对：常燕昆
装帧设计：王红柳
责任印制：单　玲

印　　刷：北京盛通印刷股份有限公司
版　　次：2017 年 8 月第一版
印　　次：2017 年 8 月第一次印刷
开　　本：710 毫米 ×1000 毫米　16 开本
印　　张：10
字　　数：200 千字
定　　价：58.00 元

前言 PREFACE

对新居进行装饰装修，是当代人必做的一件事情，不论经济型还是豪华型，都要为家做个“美容”再入住。以前四面白墙的简单居所已经很少见到，而居室设计也给予人们诸多的回馈，不仅让家居更美观也让生活更便利。在所有的装饰手段中，色彩设计是最直观、影响力最大的一种，设计师会为此投入更多的精力，无论简单的居室还是华美的居室，色彩设计都是一件专业性、复杂性的工作，甚至成为单独的职业。恰当的色彩设计能够使人们在家中感受到或自由个性，或温馨舒适的氛围，能够让人们具有归属感，这也是设计师或专业人员对色彩设计如此关注的原因。

对居室色彩进行设计首先需要了解色彩设计的原理，而后结合千变万化的家居户型，做出恰当的选择，用色彩丰富家居表情、提高品质感，并掩盖原有户型的不足，除此之外，还应能与居住者的年龄、性格、喜好联系起来，使色彩设计服务于人，让居住者感受到美的意境，这就是本丛书的编写出发点。

本书由“理想•宅（Ideal Home）”倾力打造，以家居空间细部的色彩设计作为主要内容，以家居配色的基础、对不完美色彩设计的修正方法、色彩与卧室风格、精选案例解析为思路，搭配具有代表性的图片及带有专业色标的色块，全面地解读家居卧室的色彩设计。以实用性为编写宗旨，不讲解空泛的理论，而是将分析和总结以最直观、最简洁的方式呈现出来，搭配轻松的阅读版式，使其不仅适用于计划进行家装的业主，也适用于刚入行的专业设计人员。

参与本书编写的有杨柳、赵利平、黄肖、邓毅丰、孙淼、武宏达、董菲、杨茜、赵凡、刘向宇、王广洋、邓丽娜、安平、马禾午、谢永亮、张娟、朱超、赵芳节、王伟、王力宇、赵莉娟、杨志永、叶欣、张建、张亮、赵强、郑君、叶萍等人。

目录 CONTENTS

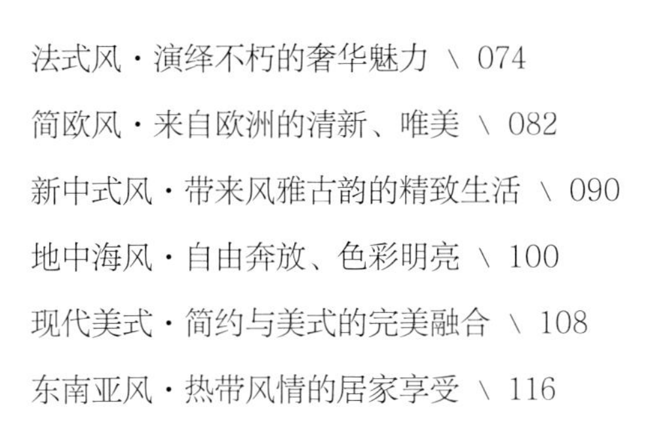

实景案例
——呈现难以抵挡的“视觉诱惑”

- 色彩四角色共塑别样家居
- 不同色系主导居室冷暖感觉
- 色相型决定细部氛围的内敛与活泼
- 色调型影响家居细部的整体氛围
- 彩色的数量——影响效果的另一个因素
- 利用色彩轻松改变家居细部缺陷

Chapter 1

由色彩开始的家居设计之旅

色彩四角色共塑别样家居

家居中一些细部的处理才是最能体现整体设计精致度的地方，例如玄关、过道及角落等。这些家居空间的色彩不仅是通过墙面、顶面、地面等大面积的色彩体现出来的，小块面的软装也是整体色彩的组成部分。在实际操作中，可以将这些色彩分成不同的角色，将它们合理分区，有利于色彩设计的顺利进行。

背景色是细部空间配色基础

背景色是指充当背景作用的色彩，通常为家居中的墙面、地面、顶面、门窗、地毯等大面积的色彩，起到奠定家居细部空间基本风格和色彩印象的作用。在所有的背景色中，顶面的色彩最不引人注意，而占据主要位置的墙面色彩特别是背景墙的颜色最吸引人的目光，建议慎重考虑。

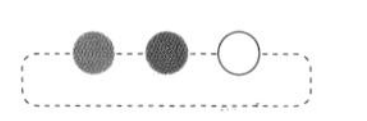

◀软装饰与墙面色彩属于同一色系，整体给人平稳、内敛的感觉。

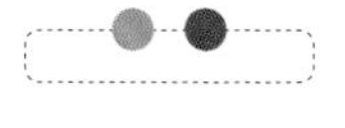

◀当家具的色彩与背景色色差较大时，会给人紧凑、有活力的感觉。

背景色不同，氛围也有所不同

以淡绿色为背景色，给人柔和、清新的感觉。

以高纯度橙色为背景色，给人活泼、热烈的感觉。

以深蓝色做背景色，给人深沉、冷静的感觉。

主角色占据重要位置

主角色是指占据室内重要位置的色彩，通常大件家具等居于视觉中心的物体，是配色设计的重点。在家居空间细部中，常见的主角色包括鞋柜、装饰柜等体型较大家具的色彩，通常情况下，它与背景色的关系主导整体氛围。

▲在过道空间中，如装饰柜、收纳柜等家具的色彩就是这里的主角色。

配角色与主角色互相衬托

如影视剧中的角色一样，有了主角还需要有配角才能够互相衬托。在进行家居配色时也需要有起到衬托作用的色彩，可以将其称为配角色。与背景色类似的是，配角色并不仅限于一种色彩，还可以是多种色彩的组合。在家居细部空间中，配角色通常是小件的家具的色彩，例如椅子、座墩等。

▲实木色调的玄关几为配角色，与装饰镜属同色系，具有稳定感。

点缀色活跃整体氛围

点缀色的作用是起到点缀作用，通常是由多种小块面的色彩构成，对活跃家居气氛起到至关重要的作用。在家居细部空间中，通常是由靠枕、工艺品、小灯具、花卉、装饰画等来点缀。通常建议选择活泼、鲜艳一些的颜色作为点缀色，但若追求平稳感也可与背景色或主角色靠近。选择点缀色时，需要注意其面积不宜过大，面积小才能够加强冲突感，提高配色的张力。

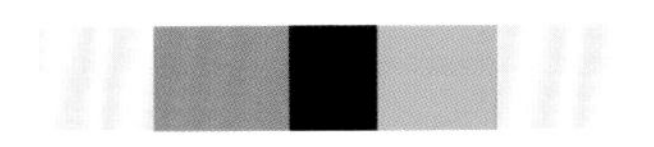

作为点缀色的黑色面积过大，冲突感不强。

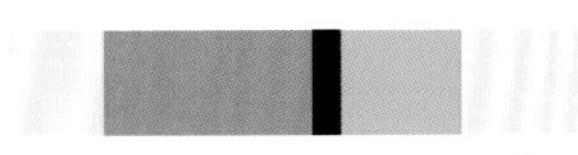

缩小黑色的面积后，冲突感更强，主体突出。

家居细部中常见的点缀色

靠枕

台灯

花艺

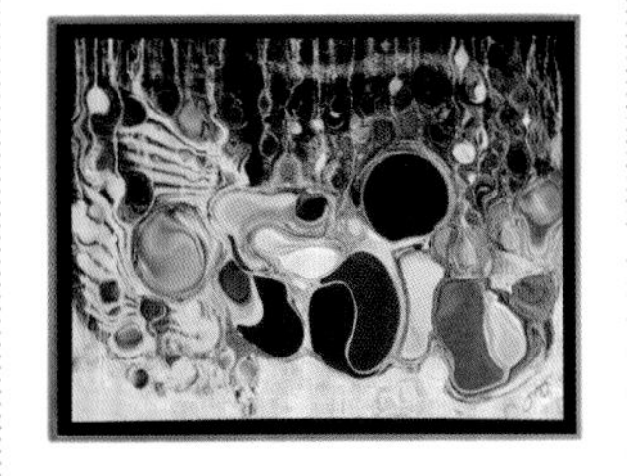

装饰画

窗帘、地面、墙面及大型的书柜的色彩均为背景色，数量不止一种，灰色的椅子为主角色，浅木色的茶几是配角色，其他小件物品如花卉的色彩等均为点缀色。

背景色
主角色
Arietta
AROUND THE WORLD IN 80 DAYS
Hennessy
Fieramilano

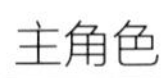

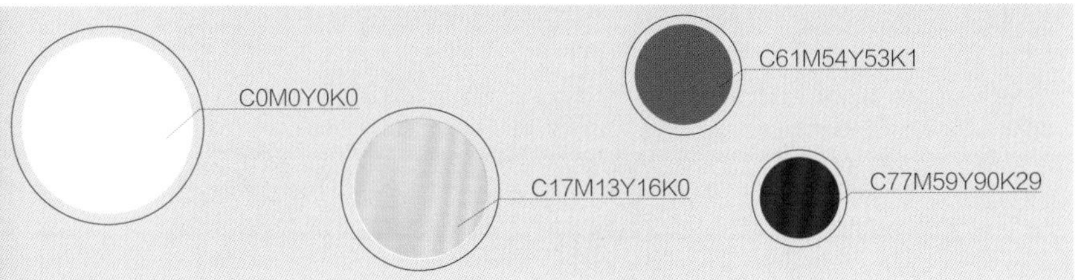
C0M0Y0K0
C17M13Y16K0
C61M54Y53K1
C77M59Y90K29

不同色系主导居室冷暖感觉

在人们看到红色时感觉是火热、温暖的，而看到蓝色时，会感觉冷。根据不同色彩给人感觉的不同可以将色彩分为冷色系、暖色系和中性色。在进行家居细部空间设计时，主要部位的墙面及主角色的色系，能够起到主导整体空间冷暖感觉的作用。

或温暖或热烈的暖色系

根据色彩给人感觉的不同，可以将它们分为冷色、暖色和中性色，而更具体的来说，暖色还可分为极暖、暖色及中性偏暖三个层次；同样地，冷色也可分为极冷、冷色及中性偏冷三个层次。掌握不同色彩的冷暖感觉，有利于更准确地塑造家居细部空间的氛围。

在家居细部空间中，选择暖色做重点部位的背景色及主角色时，就能够塑造出具有温暖感的氛围，而具体的氛围是温馨的、活跃的还是厚重的，则取决于所用暖色的纯度和明度。

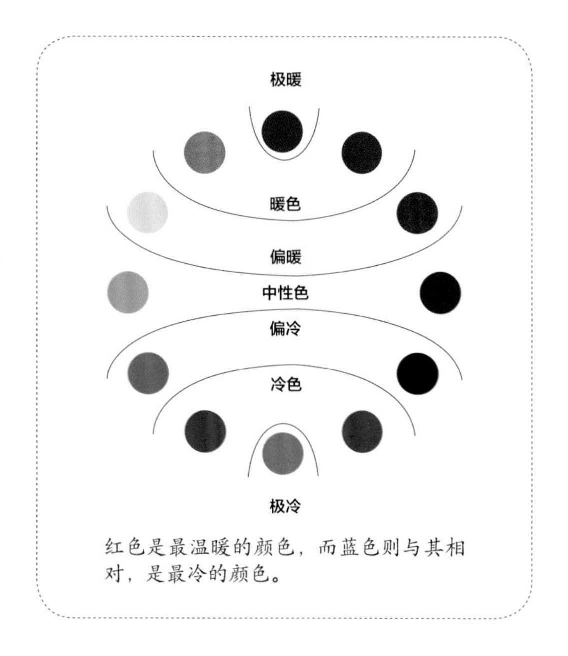

红色是最温暖的颜色，而蓝色则与其相对，是最冷的颜色。

清爽、冷静的冷色系

想要让家居细部空间具有清新或冷静的氛围时，可以用冷色做重点部位的背景色及主角色，使用的冷色越淡雅，感觉越清新；使用的冷色越暗沉，感觉越沉静。需要注意的是，如果是过道或玄关等无自然采光的细部空间，暗冷色不宜大面积使用，容易让人感觉阴暗。

▶宝蓝色用在窗帘及椅子上，与白色的纱帘、台灯及棕色地面搭配，高贵而清雅。

中性色没有冷暖偏向

除了绿色、紫色这两种大家广泛认知的中性色外，黑色、白色、灰色也都属于中性色的范畴，它们既不让人感觉冷，也不让人感觉温暖，但都具有独特的个性。绿色是最具自然感的色彩，紫色神秘而浪漫，白色和黑色明度最高和最低，灰色具有都市感，其中黑色和白色没有纯度和明度的变化。

▲绿色为主角色，使居室具有自然韵味，但都没有偏冷或偏暖的感觉。

▲柔和、淡雅的浅灰色作为主角色，搭配明度近似的墙面，给人温柔而雅致的感觉。

▲细部空间大量地使用白色，搭配少量黑色，简洁、纯净，但无冷暖感觉。

▲深灰色、黑色为背景色和主角色，紫色点缀，全部中性色的组合，时尚、现代。

同一组物体近似色调背景色的冷暖区别

选择暖色用在背景色、主角色和配角色上，整体给人温暖的感觉。

淡冷色的背景色，搭配深暖色的主角色，具有微弱的活泼感。

中性的背景色没有明显的冷暖感觉，所以主角色的温暖感更突出。

配色 搭配秘籍

C68 M62 Y62 K13
C40 M44 Y55 K0
C0 M0 Y0 K0
C11 M13 Y52 K0
C88 M80 Y53 K21
C33 M39 Y64 K0

1. 墙面背景色为中性的灰色，书橱及地面采用淡浊色调的暖色，而后搭配浅暖色的椅子作为主角色，整体给人温暖而略带活泼的感觉。

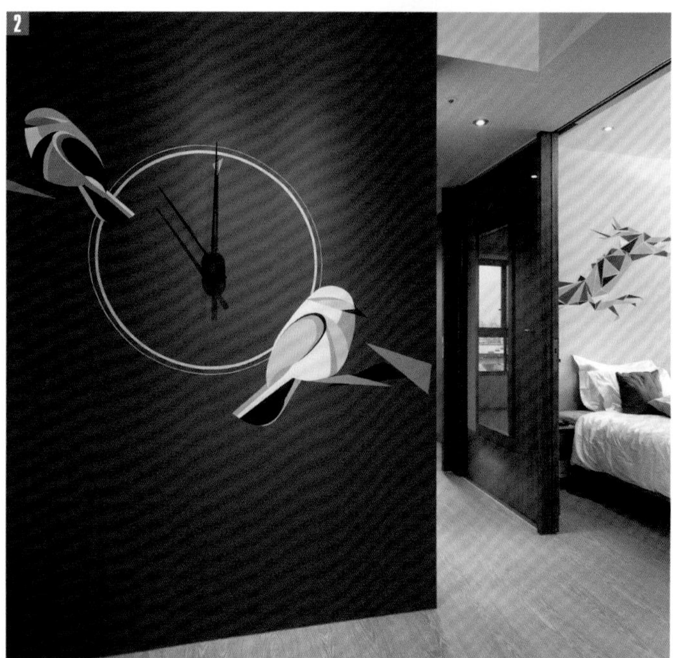

C68 M77 Y62 K27
C17 M23 Y56 K0
C77 M83 Y76 K61

2. 以中性色的紫色作为墙面的主色，搭配具有趣味性的图案，给人典雅而具有童趣的感觉。

C0 M0 Y0 K0
C33 M40 Y59 K0
C54 M53 Y100 K5
C57 M93 Y100 K50

1. 不同明度的暖色组合白色和中性色的绿色，营造出惬意、轻松的氛围，且层次丰富。

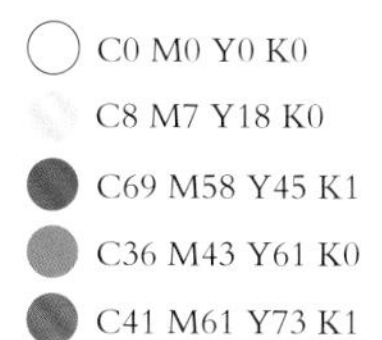

2. 沙发与窗帘属同色系，形成整体感，以冷色占据中心位置，具有清新感，而金色的加入增添了品质感。

色相型决定细部氛围的内敛与活泼

在家居细部空间中，只使用一种色彩进行装饰的情况是十分少见的，通常至少会使用 2~3 种色彩。这些色彩所使用的色相之间的关系，我们称为色相型。不同的色相型，所塑造的感觉是有差别的，当色相之间的距离较近或数量较少时，感觉就会比较内敛；反之，使用色相之间的距离越远或数量越多，效果就越活泼。

色相环是色相关系的最直接参考

所谓的色相就是指色彩呈现出来的面貌，简单来说，就是色彩的名称。色彩学家通过归纳和总结，绘制出了色相环。从色相环上能够最直观地辨别出不同色相之间的关系，在进行家居空间的色彩设计时，它是不可缺少的参照物。根据使用色相位置和数量的不同，可以将色相型分为同相型、近似型、对比型、互补型、三角型、四角型和全相型。

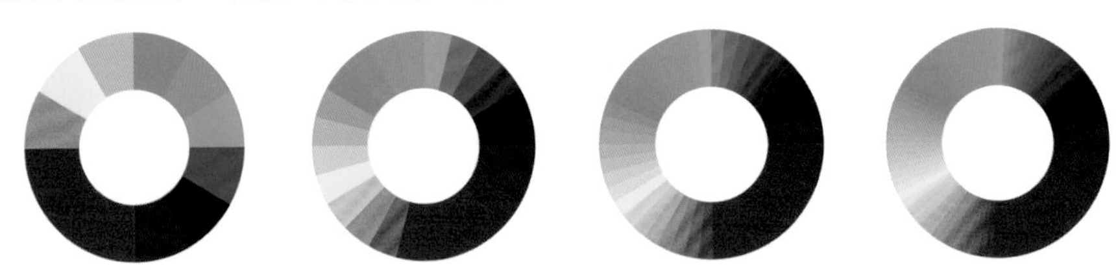

所有其他类型的色相环，都是以 12 色相环为基础演变出来的。

最内敛的同相型和近似型

同一色相中不同明度或纯度的色彩组合为同相型，是最内敛、最闭锁的色相组合，例如不同明度的红色组合。将色相环上位置相近的色相进行组合形成的组合为近似型，仍然内敛和闭锁，但比同相型要开放一些，例如红色与橙色或红色与黄色组合。

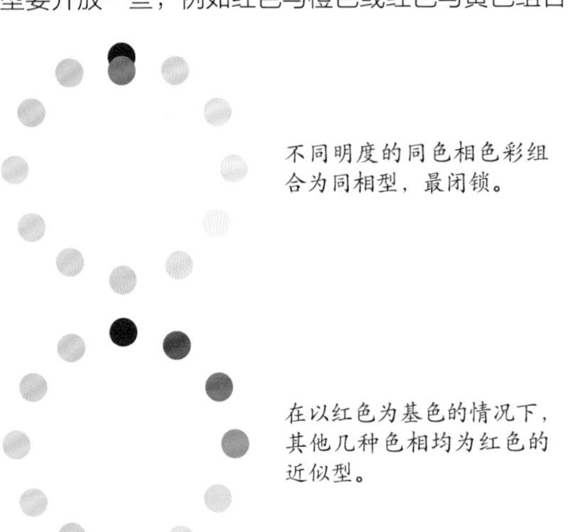

不同明度的同色相色彩组合为同相型，最闭锁。

在以红色为基色的情况下，其他几种色相均为红色的近似型。

同背景色辨别同相型和近似型

主角色和配角色为同相型，效果非常内敛、闭锁。

主角色和配角色为近似型，仍然很内敛，但比起前者要开放一些。

配色 搭配秘籍

C0 M0 Y0 K0
C24 M20 Y54 K0
C77 M60 Y41 K1
C100 M100 Y100 K100

1. 在阳台上选择黄绿色的沙发，组合近似型的蓝色花瓶，执着的自然韵味中还可使人感觉到微小的层次。

C7 M77 Y99 K0
C27 M47 Y70 K0
C0 M0 Y0 K0

2. 将橙色与米黄色组合作为过道主色，近似型的暖色组合给人非常热烈的感觉。

内敛感有所减弱的对比型和互补型

将一组对比色进行组合形成的色相型称为对比型，对比色在色相环上体现为色系相反且位于 120° ~180° 之间，例如红色和蓝色。一组互补色组合形成的色相型为互补型，互补色在色相环上的位置为 180°，如红色和绿色。这两种色相型比同相型和近似型更开放，但互补型的开放感更强一些。

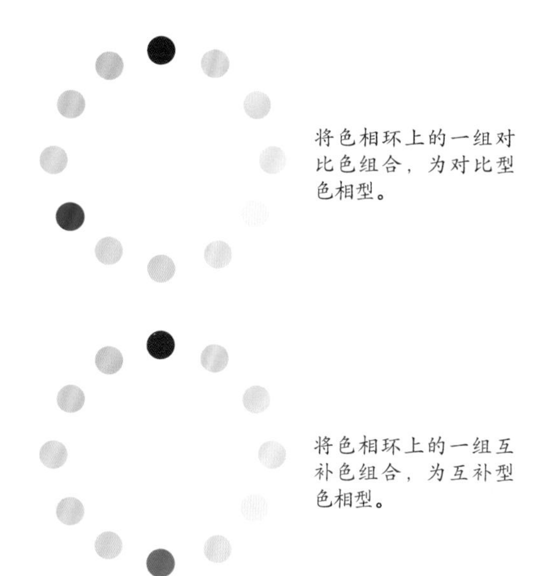

将色相环上的一组对比色组合，为对比型色相型。

将色相环上的一组互补色组合，为互补型色相型。

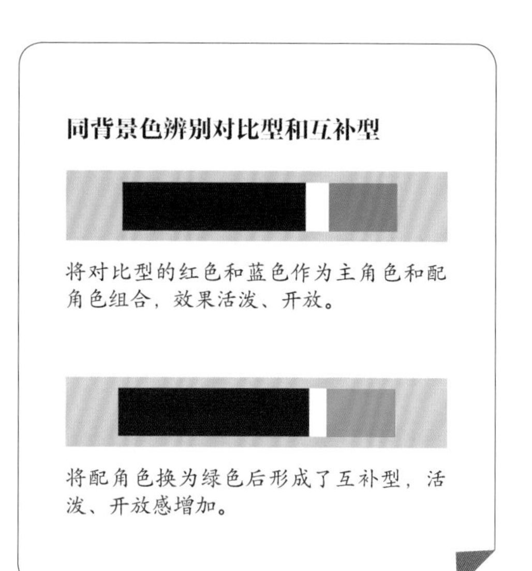

同背景色辨别对比型和互补型

将对比型的红色和蓝色作为主角色和配角色组合，效果活泼、开放。

将配角色换为绿色后形成了互补型，活泼、开放感增加。

活泼的三角型和四角型

将色相环上位于正三角型位置上的三种色相组合形成的色相型为三角型配色，具有代表性的为三原色的红、黄、蓝组合；将两组对比型或互补型组合形成的色相型为四角型，例如红、绿、蓝、橙。三角型和四角型色相数量比前几种色相型有所增加，效果也就更开放。

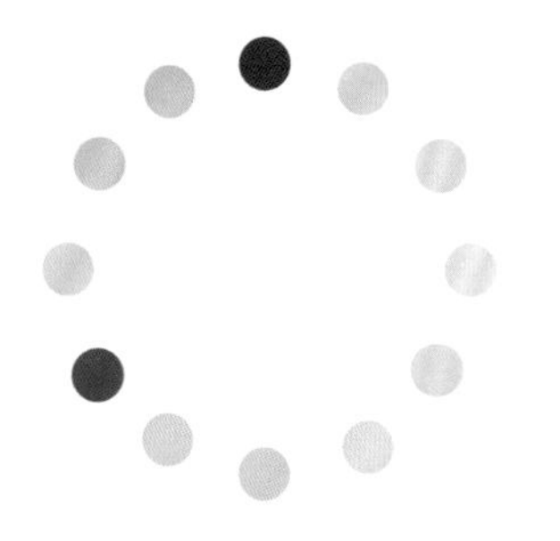

位于正三角型三个角上的三种色相组合，为三角型色相型。

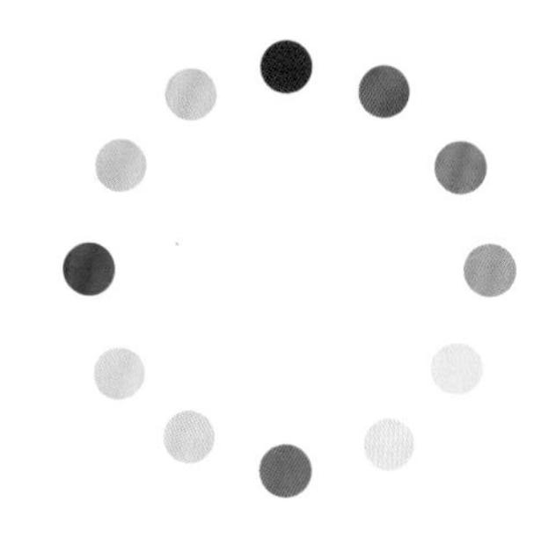

一组对比色（互补色）和另一组对比色（互补色）组合，为四角型色相型。

搭配秘籍

C0 M0 Y0 K0

C10 M32 Y15 K0

C73 M39 Y24 K0

1. 具有对比感的粉色和蓝色组合，并搭配大量的白色，纯真、活泼而又具有童话氛围。

C27 M20 Y22 K0

C9 M22 Y81 K0

C66 M100 Y66 K46

C88 M84 Y52 K20

C75 M42 Y99 K3

C67 M59 Y62 K9

2. 黄色作为主角色，搭配红色、蓝色和绿色的点缀色，形成四角型配色，活泼而不乏舒适感。

最喜庆、自由的全相型

无冷暖偏颇的使用色相环上的所有色相组成的色相型为全相型，通常来说，使用 5 种色相时就可以认为是全相型配色。这种色相型的色彩数量最多，是所有色相型中效果最开放、最活泼的一种，具有喜庆、自由的氛围。在进行全相型组合时需要注意，冷色和暖色的数量要近似或相同，同时还要包含中性色，否则容易变成其他色相型。

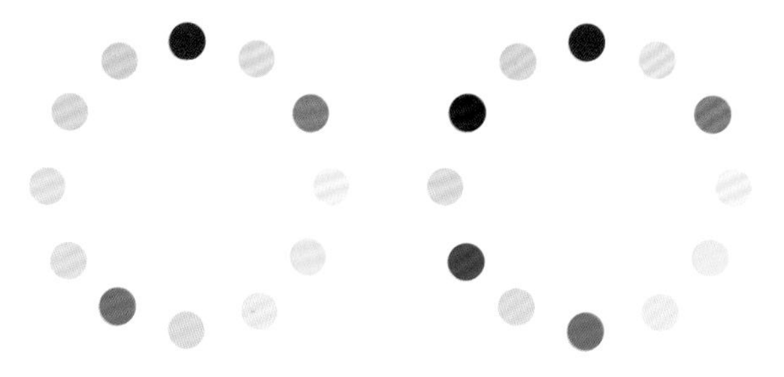

通常情况下，配色中有 5 种色相时就可以认为是全相型，最具有代表性的是无冷暖偏颇的由 6 种色相组合的全相型。

同背景色辨别三角型、四角型和全相型

主角色、配角色和点缀色选取三角型配色，开放性和闭锁性较为均衡。

主角色、配角色和点缀色选取四角型配色，色相数量增加，开放感也随之增加。

主角色、配角色和点缀色选取全相型配色，色彩数量最多，效果最开放、最自由。

增强活泼感可提高色相纯度

所有具有开放感的色相型中，所使用的色相的纯度越高，形成的效果越开放也越刺激，反之亦然。在细部空间中使用较为开放的色相型时，如果不喜欢过于刺激的感觉，可以调节色相的纯度和明度，避免使用纯色，形成低调的活泼感。

▲黄色的纯度较高，搭配白色、蓝色和淡粉色，非常具有活力感。

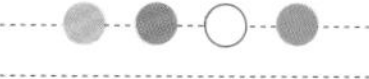

配色 搭配秘籍

C7 M77 Y98 K0
C27 M46 Y70 K0
C0 M0 Y0 K0

1. 背景色均比较淡雅，而软装则采用了全相型的组合方式，但所有色彩均降低了纯度，具有低调的活力但并不让人感觉刺激。

C0 M0 Y0 K0
C11 M27 Y80 K0
C32 M96 Y100 K1
C80 M59 Y95 K33
C65 M82 Y55 K16
C54 M91 Y91 K39

2. 过道采用了白顶、白墙搭配红色地面，为了避免墙面过于空旷，选择了多彩色的装饰画，形成了全相型配色，活跃了整体氛围。

色调型影响家居细部的整体氛围

除了色相外，色彩的明度和纯度也会对整体效果产生影响，我们把色彩的不同明度和纯度的组合称为色调。与色相类似的是，一个细部空间中如果只存在一种色调会给人非常单调的感觉，所以多数情况下至少会存在不少于 3 种色调。细部空间的面积较大，建议背景色至少是两个色调，主角色为一个色调，配角色为一个色调，点缀色为比较鲜艳的色调，才能够组成较为自然的效果。

塑造内敛氛围选取近似型色调

当同一个细部空间中所有色彩的色调都比较接近时，就会给人以内敛、稳定的感觉。在进行细部空间配色时，可以将色调型与色相型组合，例如采用对比型色彩组合时，如果搭配近似型色调型，对比感就会有所减弱，具有统一感。

▲家具、墙面与装饰品的色调都非常接近，整体给人稳定的感觉。

对比型色调具有活力感

当背景色与主角色的色调差较大时，即使使用的不是对比色，也会给人前规避、有活力的感觉，但这种活力比较低调，没有刺激感，例如黑色和白色组合就属于高对比型的色调型组合，这种对比方式适合的年龄层次比较广泛。

▲主角色与背景色的色调对比强，塑造出具有力度、动感的效果。

同背景不同色调组合的对比

背景色、主角色及配角色全部采用相似的色调，具有统一感但略显单调。

拉大主角色与背景色的色调差，主角色主体地位突出，给人稳定而具有层次的感觉。

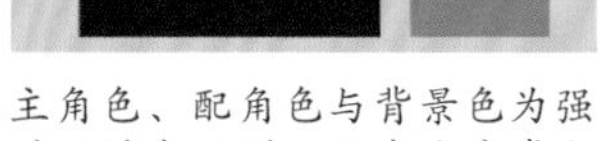

主角色、配角色与背景色为强对比的色调型，具有力度感和活力。

塑造自然感采用多数型色调

与色相组合相同的是，同一个居室内使用的色调种类越多，层次越丰富，给人的感觉也就越自然。通常情况下，非主题墙的大面积背景色通常是接近白色的浅色调，主题墙部分为了凸显重点性会予以区别。若追求稳定感，主角色可与背景色的色调接近，反之可加大色调差；配角色搭配方式与主角色类似；点缀色通常是比较醒目的色调，其中大面积色彩的色调型主导整体氛围。

▶色调的数量越多，层次感越丰富，给人的感觉越自然、开放。

色调名称	色彩情感	色调名称	色彩情感
纯色调	鲜明、活力、醒目、热情、健康、艳丽、明晰	浓色调	高级、成熟、浓厚、充实、华丽、丰富
明色调	天真、单纯、快乐、舒适、纯净、年轻、开朗	暗色调	坚实、成熟、安稳、传统、执着、古旧、结实
浅色调	纤细、柔软、婴儿、纯真、温顺、清淡	明浊色调	成熟、朴素、优雅、高档、安静、稳重
淡色调	轻柔、浪漫、透明、简约、天真、干净	微浊色调	雅致、温和、朦胧、高雅、温柔、和蔼

配色 搭配秘籍

C11 M9 Y24 K0

C0 M0 Y0 K0

C91 M77 Y45 K8

C66 M10 Y8 K0

C76 M30 Y85 K0

C35 M43 Y51 K0

1. 背景色的部分主要为淡雅的色调，给人柔和的感觉；主角色为了凸显其主体地位选择了与背景色为高对比的暗色调，而点缀色的存在是为了活跃氛围，所以较明亮一些。

C9 M7 Y27 K0

C100 M100 Y100 K100

C89 M85 Y58 K34

C0 M0 Y0 K0

C60 M53 Y60 K2

2. 总的看来，固定背景色与软装背景色之间具有高明度差，塑造出具有力度的整体感，而主角色与软装背景色色调接近，塑造小范围内内敛、稳定的感觉。

1

2

C0 M0 Y0 K0
C45 M87 Y100 K12
C57 M91 Y100 K48
C38 M42 Y41 K0
C43 M18 Y19 K0
C66 M63 Y66 K15

1. 丰富的色调组合避免了对比色的刺激感，多层次的组合也让整体效果更自然、协调。

C0 M0 Y0 K0
C100 M100 Y100 K100
C17 M3 Y68 K0
C18 M21 Y29 K0
C64 M54 Y68 K6
C38 M28 Y27 K0

2. 少量纯色调的点缀，为素雅的空间增添了一点活力，在素净的环境下，纯色调的特点会显得特别突出。

彩色的数量——影响效果的另一个因素

色相、色调是在进行配色时首先要考虑的因素，除了这两点外，还有一个因素也会对最终效果产生影响，它就是彩色的数量，之所以称为彩色的数量，是因为在计数的时候把无色系排除在外。从色相型的类型上，基本可以看出，色相数量越少的色相型越闭锁，反之越开放，所以彩色数量多的空间，给人的印象是自然、舒展的，而色彩数量少的空间就显得雅致、内敛。

少数色执着、雅致

少数色是指一个居室内使用的彩色数量在三种之内的配色方式，最常见的是双色组合。色彩数量越少，稳定感越强，喜欢雅致、内敛的感觉可以使用少数色结合恰当的色相型进行组合。

稳定型少数色

当使用的色彩数量没有超过三种且色相距离较近时，整体感觉是非常文雅、内敛的。

活泼型少数色

同样地，当色彩数量不超过三种，但色相差加大时，整体会具有一些活泼感。

少数色的色彩纯度越高越活泼

色相型中两种至三种色相的组合都属于少数色配色，但在这个内敛的范围内，色彩的纯度越高对比感越强，也就越活泼。

少数色但最活泼

明度和纯度降低，活泼感减弱

感觉最稳重、内敛

配色 搭配秘籍

- C41 M34 Y36 K0
- C18 M14 Y82 K0
- C87 M46 Y100 K10
- C77 M68 Y61 K22
- C9 M24 Y58 K0

1. 楼梯空间比较窄且高，设计师采用了少数色的设计方式，灯具和装饰画采用高纯度色彩，执着而又个性。

- C68 M52 Y28 K0
- C45 M57 Y82 K2
- C18 M64 Y65 K0
- C32 M98 Y96 K1

2. 过道空间有彩色部分为蓝色与红色组成的对比色组合，属于少数色，兼具活泼感和执着感。

多数色开放、具有活力

当一个细部空间中，所使用的色彩数量超过三种时，就可以视为多数色配色方式。与少数色相反的是，色彩的数量越多，效果越自然、活泼，5 色以上最自由，而 3 色和 4 色属于中间档。

3~4 种中间档

当一个细部空间中，使用色彩的数量为 3~4 种时，开放感和内敛感会比较均衡。

5 种及以上多数色

当一个细部空间中，使用色彩的数量为 5 种及以上时，气氛最为开放、自由。

彩色数量的区别

色彩的数量多，具有节日氛围。

虽然仍以暖色为主，但色彩数量减少后，显得冷清。

配色 搭配秘籍

1. 阳台背景色采用淡雅的色彩，塑造舒适的整体氛围，而后用软装活跃氛围，搭配了一组多色组合的休闲椅。

- C20 M22 Y27 K0
- C5 M4 Y24 K0
- C16 M38 Y61 K0
- C53 M37 Y95 K0
- C0 M0 Y0 K0
- C13 M32 Y82 K0
- C45 M80 Y100 K11
- C47 M63 Y80 K5

2. 玄关采用了多数色的配色方式，给人非常活力且愉悦的观感。

- C0 M0 Y0 K0
- C12 M36 Y92 K0
- C3 M42 Y58 K0
- C70 M58 Y51 K4
- C33 M10 Y22 K0
- C13 M64 Y53 K0
- C34 M22 Y89 K0
- C45 M75 Y100 K10

利用**色彩轻松**改变家居细部**缺陷**

色彩除了具有装饰作用外，还可以起到调整家居空间缺陷的作用。利用色彩的不同冷暖、不同明度的感觉，将它们用在有缺陷的部位，就能够弱化或者掩盖这种缺陷，让空间的比例更舒适，就是利用色彩给人的视觉错觉来调整空间，是最简单而有利的装饰手段。

膨胀色和收缩色

有的色彩看起来有膨胀感，如果将其用在家具上，就会让家具看起来比自身的体积大一些，这些颜色就非常适合用在比较空旷的细部空间中，用作背景色或者主角色，能够避免寂寥感；有的色彩则具有收缩作用，让物体看起来比原来小，特别适合用在面积较小的细部空间中。

▲暖色与冷色相比，具有膨胀感，红色的椅子让空间显得更加紧凑。

▲冷色与暖色相比，具有收缩感，能让空间看起来更加宽敞。

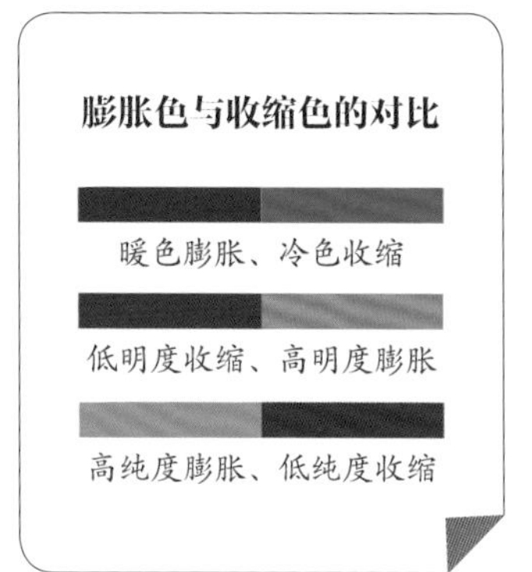

前进色和后退色

看上去让人感觉向前的色彩称为前进色，让人感觉向后退的色彩称为后退色。当遇到狭长的细部空间时，例如狭长的过道，如果在过道的尽头墙面使用前进色，就会减少狭长感。而窄小的细部空间中，墙面使用后退色，会让整个空间看起来更宽敞一些。

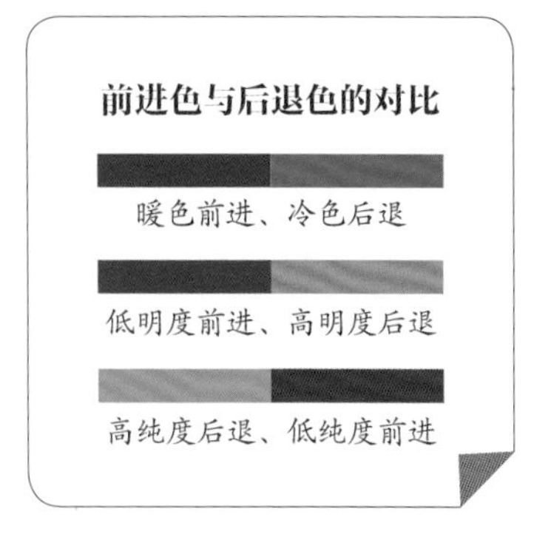

▲从图上对比可以发现，冷色具有后退感，而暖色具有前进感。

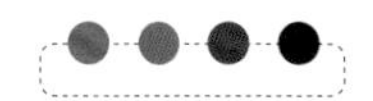

配色 搭配秘籍

C0 M0 Y0 K0
C91 M81 Y80 K69
C58 M66 Y72 K15
C81 M82 Y81 K68

1. 楼梯间同时还重做交通空间，所以楼梯使用了收缩色，意图让楼梯的体积缩小，让整体空间显得宽敞一些。

C0 M0 Y0 K0
C24 M81 Y82 K0
C31 M59 Y82 K0
C62 M75 Y75 K31

2. 空间显得有些空旷，选择用高纯度橙色涂刷墙面，利用其膨胀感和前进感，减弱了空旷、寂寥的感觉。

• **突出主角色**——增加稳定感和朝气

• **加强融合力**——调整层次增添统一感

Chapter 2

轻松**调整**家居**色彩**设计**缺陷**

突出主角色——增加稳定感和朝气

色彩是不可能单独存在的，在家装中一定是要依靠材质才能够让人们看到和感受到的，而我们在购买材料时，因为色板或面积等因素，实际上的细部空间配色效果，往往会与所期待的效果有一定的偏差。此时，可以通过调整部分色彩角色的方式来减弱差距。当细部空间内配色的主次层次不分明时，就缺乏稳定感和朝气，可以通过突出主角色的方式来改变。

调整主角色最直接

调整主角色是使主角色突出的最直接、有效的方式。可以通过提高主角色的纯度、增强明度差以及增强色相型等手段来达到调整目的。家居细部空间中的主角色通常是各种家具，例如玄关几、小沙发等，可以直接调整它们的色彩使其在整体设计中更突出。

▶主角色与背景色明度接近，主体地位不够突出；更改明度后，整体感不变，但其主体地位更突出。

改变主角色纯度最有效

提高细部空间中主角色的纯度，是使其变得明确、突出的最有效方式，当主角色变得鲜艳，在视觉中就会变得强势，自然会占据主体地位。

▲当主角色的纯度提高后，变得更为鲜明，但与背景色的对比感也更强。

同背景辨别主角色不同纯度

当主角色的纯度较低与背景色差距小时，效果内敛，而缺乏稳定感。

提高主角色的纯度后，整体主次层次更分明，具有朝气。

增加主角色与其他角色的明度差

拉开细部空间中主角色与背景色之间的明度差，也能够起到凸显主角色主体地位的作用。此种方式也适合于灰色和黑色或灰色和白色的组合，由于无色系中只有灰色具有明度的属性，所以在它与白色或黑色组合中显得不突出时，可以调节其明度。

◀主角色与背景色同为白色虽然整体感强，但不够突出；主角色改为黑色后与背景色明度差加大，更突出。

同为纯色的不同色相，明度不同

需要注意的是，同为纯色的不同色相，明度也是有区别的。越明亮的色相，明度越高，如黄色；越暗沉的色相，明度越低，如紫色。深色背景搭配明度高的色彩，主角色会显得更突出；高明度背景搭配明度低的主角色，也能取得同样的效果。

同背景比辨别不同色相的明度

粉色和黄色为近似色，两者同为纯色的情况下，明度差小，效果稳定。

蓝色和黄色为对比色，两者同为纯色的情况下，明度差大，效果活泼。

◀类似纯度的情况下，蓝色的明度比粉色要低，在棕色柜子前，不如粉色椅子显得突出。

改变细部空间的色相型

从色相型和色彩数量的知识中，我们可以看出，所有的色相型中同相型最弱，而后依次增强，全相型是最强的一种。在进行调整时，可以通过改变色相型的方式来加强主角色的主体地位。例如当细部空间的配色为同相型时，可通过增加色彩的方式，将其变为排位靠后的任意一种。需要注意的是，主角色应保留其绝对的主体地位。

▲从蓝色和黄色的对比型变成了紫红、黄、蓝的三角型配色，加强色相型后主角更突出。

同背景辨别不同色相型

蓝色和绿色为近似型组合，蓝色的主角地位不是特别突出。

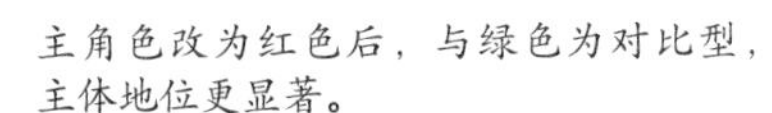

主角色改为红色后，与绿色为对比型，主体地位更显著。

为主角色增加点缀色

细部空间中有时主角色的体积较大，改变起来很费力，此时，还可以采取为主角色增加点缀色数量的方式来明确其主体地位。例如过道中的装饰柜与墙面的色差小，主体地位不突出，可以选择几个彩色的花瓶或相框摆放在上面，增加其注目性，突出其主角地位。点缀色的更换比较容易，还可以根据不同的季节和节日来做相应的搭配。

▲在深棕色的椅子上，摆放一个有纯黄色和红色的靠枕，使其变得突出。

点缀色应控制面积

需要注意的是，点缀色的面积不宜过大，如果超过一定面积，容易变为配角色，改变空间中原有配色的色相型，破坏整体感，增加的点缀色还宜结合整体氛围进行选择。

同背景辨别不同数量的点缀色

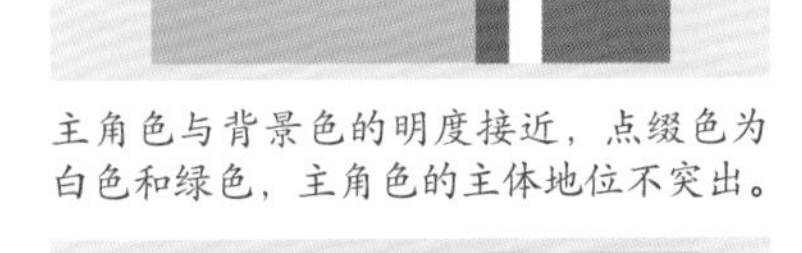

主角色与背景色的明度接近，点缀色为白色和绿色，主角色的主体地位不突出。

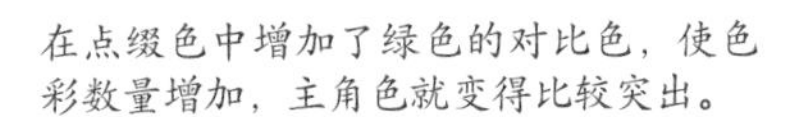

在点缀色中增加了绿色的对比色，使色彩数量增加，主角色就变得比较突出。

改变其他色彩角色的调整方式

当自己比较心仪细部空间中的主角色时，还可以通过不改变主角色而改变配角色或背景色的方式，来凸显主角色的主体地位，这种方式就是抑制背景色或抑制配角色。前者适用于当细部空间中的易改变背景色，如窗帘、地毯等软装特别抢眼的情况。如果是墙面等固定界面的背景色过于突出，直接调整主角色会更方便。

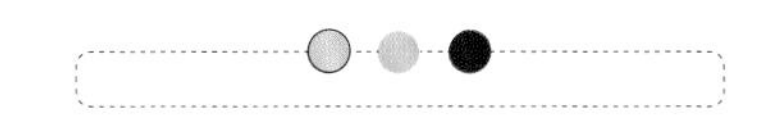

▶背景色与主角色的差距较大时，才能够使主角色的主体地位更突出、稳固。

调整背景色，减少其注目性

当充当背景色的地毯、窗帘的颜色或花纹过于抢眼而引人注目时，可以通过更改它们的明度、纯度或色相的方式来达到抑制背景色，使主角色的主体地位更突出的目的。

▲地毯的色彩比较鲜艳，比家具更引人注意，换成米色后，主角色更突出。

背景色不同纯度的区别

背景色的纯度比主角色更高，比主角色更吸引目光。

降低背景色纯度提高明度后，主角色的主体地位更突出。

改变配角色，凸显主体地位

当细部空间中充当配角色的辅助性家具，如椅子、茶几等物品的颜色比作为主角色的家具更引人瞩目时，主角色的主体地位就显得不稳，可以通过更改配角色的明度、纯度或色相等方式，来凸显主角色的主体地位。

配角色的面积大且纯度高，比主角色更突出。

将配角色的纯度降低后，主角色变得更突出。

配色 搭配秘籍

C0 M0 Y0 K0
C81 M66 Y80 K43
C100 M100 Y100 K100
C17 M21 Y32 K0

1. 作为主角色的圆几，在过道的所有色彩中，是明度最低的，搭配花卉做点缀，主体地位非常突出。

C0 M0 Y0 K0
C82 M52 Y73 K13
C58 M53 Y74 K5

2. 绿色系的鞋柜作为过道的主角色，无论是从色彩上还是色调上均是最显著的，使整体配色具有稳定感。

C4 M4 Y11 K0

C0 M0 Y0 K0

C64 M43 Y73 K1

C36 M52 Y69 K0

1. 多彩的鞋柜作为玄关的主角色与素雅的背景色形成了鲜明对比。

C0 M0 Y0 K0

C81 M80 Y79 K64

C5 M87 Y99 K0

C58 M49 Y46 K0

2. 在黑、白、灰的环境中，作为主角色的橘红色装饰柜，非常引人注目。

加强融合力——调整层次增添统一感

在进行细部空间的配色设计时，除了主角色不够突出的情况外，还可能会出现色彩或色调数量过多，而显得凌乱的情况。此时，可以采取与突出主角色相反的方式来加强配色的整体感和融合力，例如降低色彩的纯度、明度或减弱色相型等方式，加强整体色彩的融合力。

融合法具有统一性和融合感

整体融合的调整方式适用于家居细部空间整体感觉过于鲜明、混乱，想要更平和、统一的情况。可以通过靠近色彩的明度、色调以及添加类似或同类色等方式来进行整体融合；除此之外，还可以通过重复、群化等方式来进行。

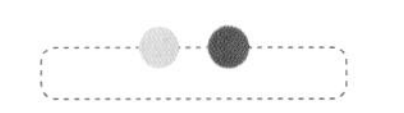

▶家具的边框选择了与隔断同色的象牙白，具有内敛、整体的感觉，这就是融合法的一种。

调整不同色彩角色的明度

最有效、最简单的融合方式，是调整不同角色之间的明度，减弱它们的明度差距可以不改变色相型和色彩数量，明度靠近的一组色彩要比明度差大的一组更加安稳、柔和。

◀两种情况主角色都很突出，但主角色与背景色的明度靠近后，对比度降低，更具平稳感和内敛感。

同背景辨别明度差带来的效果

主角色和背景色同为绿色同相型组合的情况下，第二组减小明度差后比第一组显得更稳定。

调整不同色彩角色的色调

相同色调给人的感觉是类似的，即使是不同的色相。例如淡雅的色调柔和、甜美，浓色调沉稳、内敛等。因此无论使用的是什么色相，调整它们的色调，使其靠近，就能够达到融合、统一的目的，塑造具有柔和感的细部空间氛围。

▲主角色与背景色明度差大时具有强有力的感觉，而当两者色调靠近时，更平稳、柔和。

主角色与背景色色调强弱的区别

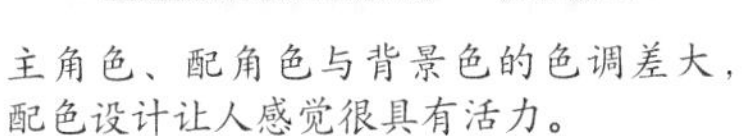

主角色、配角色与背景色的色调差大，配色设计让人感觉很具有活力。

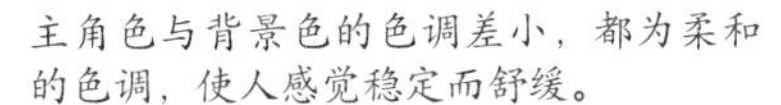

主角色与背景色的色调差小，都为柔和的色调，使人感觉稳定而舒缓。

为突出色添加类似型或同相型

在室内色彩过少，且对比过于强烈，使人感到尖锐、不舒服的情况下，可以采用添加同类似色或同相色的方式来加强整体配色的融合感。具体做法是，选取细部空间中比较跳跃的一种或两种角色，添加或与它们为同类型或类似型的色彩，就可以减弱对比感和尖锐感。

加入同相色及近似色带来的区别

加入与蓝色为同相型的淡蓝色后，蓝色不再显得孤立，整体融合性更强。

换成加入与蓝色为类似型的绿色后，仍具有融合性，但比加入同相型更开放一些。

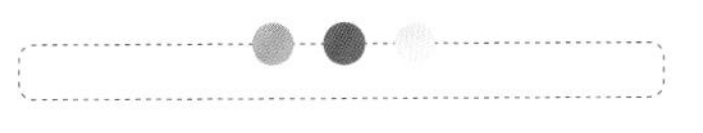

◀如果是单一的一张绿色椅子就会显得比较突兀，而搭配了近似色的黄色茶几后，与背景的融合力更强。

增加突出色的数量实现融合

此种调整方式是让一种色彩重复性地出现在一个细部空间的不同部位上，也可称为重复性融合。当一种色彩单独用在一个位置而与周围色彩没有联系时，就具有孤立的感觉，而在其他几个位置同时使用这种色彩时，就可以互相呼应，形成整体感。

▲当一种色彩重复性地出现在家居空间中时，就形成了重复性融合。

加入同相色后的区别

绿色仅有辅助色部分使用，显得非常孤立，缺乏整体感。

点缀色也加入绿色后，形成了重复性融合，就不再显得孤立，具有整体感。

选取某一属性实现融合

此种方式为，将同一个细部空间内位置靠近的不同色彩角色，选择色相、明度、纯度等某一个属性进行共同化，也可称为群化融合。这种方式能使室内的多种色彩形成独特的平衡感，同时仍然保留着丰富的层次感，且不会显得杂乱无序，特别适合室内色彩数量较多且显得混乱的情况。

某一属性群化前后的区别

五种色相的纯度和明度的差别较大，如果在一个空间中很容易使人感觉混乱。

当它们的色调靠近时，差别就会减小，就具有了融合感和统一性，更稳定。

▲书架、椅子及茶几的明度非常接近，色调群化形成同一、稳定的感觉。

配色 搭配秘籍

C28 M37 Y54 K0
C76 M71 Y44 K4
C86 M86 Y58 K36
C25 M100 Y100 K37
C49 M64 Y79 K7

1. 本案中心部分主要色彩为蓝色和红色，虽然是对比色，但色调群化以及同相型色彩重复性出现的方式，使整体具有统一感。

C18 M14 Y13 K0
C0 M0 Y0 K0
C67 M38 Y100 K1
C82 M65 Y100 K50
C77 M56 Y16 K0
C100 M100 Y100 K100

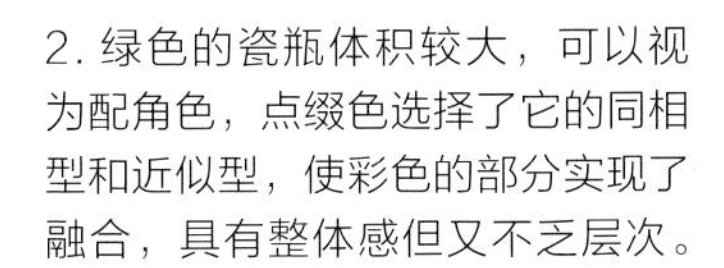

2. 绿色的瓷瓶体积较大，可以视为配角色，点缀色选择了它的同相型和近似型，使彩色的部分实现了融合，具有整体感但又不乏层次。

1. 过道墙面和地面属于同色系，且色调非常靠近，给人非常浓郁的现代感。

C0 M0 Y0 K0
C20 M20 Y31 K0
C52 M71 Y84 K16
C57 M87 Y100 K45

2. 本案采用了同色系不同明度的组合，色相统一而又在色调上具有层次感，执着但不单调。

C0 M0 Y0 K0
C29 M34 Y41 K0
C54 M54 Y58 K1

C18 M11 Y6 K0　C46 M71 Y92 K9
C64 M65 Y82 K26

1. 无论是古铜色的装饰，还是棕色的皮衣和地面，都使用了重复性融合的配色方式，让居室的色彩设计非常具有融合感。

C0 M0 Y0 K0　C49 M53 Y60 K0
C64 M70 Y80 K32　C35 M38 Y47 K0

2. 过道空间非常的狭长，为了具有层次感且与其他空间显得更整体，采用了靠近色调的融合式配色。

- **现代风**·注重形式美的配色设计
- **简约风**·简洁、利落而富有内涵
- **北欧风**·摒弃虚华，追求艺术灵感
- **田园风**·舒畅而惬意的身心享受
- **法式风**·演绎不朽的奢华魅力
- **简欧风**·来自欧洲的清新、唯美
- **新中式风**·带来风雅古韵的精致生活
- **地中海风**·自由奔放、色彩明亮
- **现代美式**·简约与美式的完美融合
- **东南亚风**·热带风情的居家享受

Chapter 3

家居**细部**的**风格**与**色彩设计**

现代风·注重形式美的配色设计

现代风格的家居细部色彩设计讲求前卫、个性，其色彩设计的主旨是展示居者的个人特色，追求大胆鲜明、对比强烈的效果，比较适合年轻或追求个性的人群。色彩选择上，以棕色系列或无色系色彩等单独使用或组合使用作为主要色彩，材质上多见现代感十足的材料，例如镜面、金属等运用较多，甚至会直接在墙面上运用水泥。

具有热烈感的紫红色现代造型休闲椅，搭配灰色为主的阳台，充满时尚感和现代感。

以灰色和白色组合作为背景色，搭配棕色的主角色，加入高纯度蓝色和绿色做点缀，具有高级感和现代感。

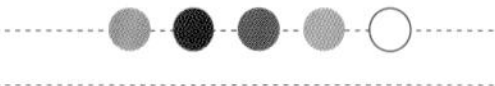

现代风格家居细部空间配色速查

色系	配色方式	说明
无色系	黑、白、灰组合	 用黑、白、灰中的两色或三色组合，作为细部空间的全部色彩。也可加入1~2种低彩度彩色，例如深棕色。是比较经典的现代风配色方式
	黑白灰＋高纯度彩色	 以黑、白、灰为基调，两种或三种组合，而后加入1~2种高纯度的色彩，彩色与黑白灰形成强烈的视觉冲击力。若同时配以现代感的造型效果更佳
	金色或银色	 仍然以黑、白、灰为基调，加入银色做点缀可增加一些科技感；加入金色则可增添低调的奢华感。需要注意的是，银色和金色属于金属色，较冷硬，家居细部空间中不宜过多使用
对比配色	对比色或互补色	 在黑、白、灰、棕的基调下，加入对比色，是现代风格具有代表型的配色方式。对比色中若有1~2种为纯色则冲击力最强，但容易显得刺激，可作为点缀色使用
棕色系	棕色系＋黑、白、灰	 此种配色方式为以茶色、棕色、象牙色、咖啡色等，组合黑、白、灰任意一种，效果厚重而时尚。是现代风格细部空间中配色方式中较为温馨的一种
	棕色系＋单彩色	 以棕色系为基调，搭配一种彩色，能够最大限度地保留棕色系的质朴感的同时，减轻棕色系的厚重感。整体氛围取决于所搭配色彩是冷色、暖色还是中性色
	棕色系＋多色	 以棕色系为基调，同时搭配多种色彩，可以为质朴的空间，增添一些自然、生动的感觉。彩色中可以选取一种作为主角色，但纯度不建议太高，如果搭配多种高纯度彩色，建议做点缀色

配色技巧

①黑色建议作跳色或小面积使用

细部空间主要是家居中的阳台、过道、玄关等空间。多数户型中，面积都比较小或者狭长，在使用黑色时，建议作为配角色或点缀色，否则容易感觉阴暗。如果是采光较好的狭长过道，也可以用在尽头的墙面上，以缩短长度。

②银色可选镜面材料

镜面材料如水银镜是现代风格的代表材料之一，如果想要使用银色，可用镜面材料呈现，还可起到扩大空间感的作用。

以黑色和白色组合厚重的棕色，点缀纯色调的黄色，彰显出具有厚重感的现代风格过道空间。

配色禁忌

使用高纯度色彩需注意面积的控制： 在现代风格的细部空间中，经常会使用一些高纯度的色彩来凸显个性，需要注意的是，如果纯色的面积使用过大，尤其是暖色，长时间容易使人感觉厌烦、刺激，最稳妥的方式是将纯色作为点缀色使用。

✗ 高纯度的多种色彩大面积使用，且在白色的背景下，虽然活泼但也容易让人感觉过于刺激。非特殊情况下，不建议如此设计。

✓ 棕色系为主的环境中，加入蓝色和橙色的对比型软装，使氛围变得生动起来。其中高纯度的橙色以点缀色呈现，更具舒适感。

配色 搭配秘籍

/无色系/

C0 M0 Y0 K0　C72 M61 Y65 K16
C85 M82 Y83 K71　C20 M0 Y60 K20

1. 白色与深灰色组合，少量黑色点缀，搭配抽象树形的墙面造型，具有强烈的现代感。

C0 M0 Y0 K0　C48 M41 Y44 K0
C55 M86 Y89 K37　C85 M82 Y83 K71

2. 柔和淡雅的灰色墙面搭配深棕色家具以及白色装饰画，给人高级而又现代的感觉。

C0 M0 Y0 K0
C31 M41 Y82 K0
C1 M52 Y87 K0
C0 M0 Y0 K100
C21 M68 Y0 K0
C8 M76 Y42 K0

1. 白色的墙面搭配黑色为主的家具，再加入高纯度彩色的装饰画，个性而现代。

C0 M0 Y0 K0
C0 M0 Y0 K100
C44 M67 Y62 K1
C79 M70 Y60 K23
C30 M4 Y86 K0
C24 M20 Y3 K0

2. 在大面积白色的映衬下，现代风格的黑色花瓶和灰色装饰花艺显得尤为突出，非常引人注目。

1

2

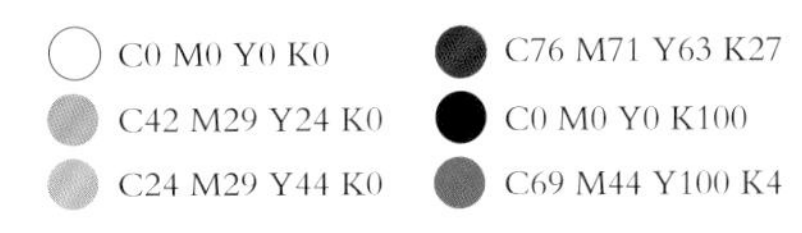

1. 银色作为主角色搭配深灰色的背景色，再加入白色和黑色点缀，现代而前卫。

C0 M0 Y0 K0
C23 M35 Y72 K0
C0 M0 Y0 K100
C60 M53 Y52 K1
C53 M62 Y69 K6

2. 暗金色的饰品搭配立体图形式的拼色地面，独特、另类而具有艺术感。

/ 对比配色 /

- C0 M0 Y0 K0
- C10 M34 Y40 K0
- C22 M99 Y97 K0
- C72 M38 Y100 K1
- C0 M0 Y0 K100
- C61 M80 Y92 K45

1. 以白色和棕色为背景色，搭配黑色、红色等色彩做点缀，无论是配色方式还是搭配的图案，均具有浓郁的现代感。

- C0 M0 Y0 K0
- C42 M28 Y28 K0
- C10 M10 Y95 K0
- C0 M0 Y0 K100
- C22 M27 Y25 K0
- C36 M38 Y51 K0

2. 以淡淡的蓝灰色为背景色，搭配高纯度的黄色为主角色，再加入银色和浅金色，现代而又具有强烈的时尚感。

/棕色系/

C0 M0 Y0 K0　C33 M33 Y44 K0
C62 M66 Y79 K22　C10 M10 Y95 K0

1. 以棕色系为主的过道中加入一点明黄色和黑色做点缀，活跃了整体氛围，减少了执着感。

C66 M74 Y88 K45　C0 M0 Y0 K0
C36 M35 Y100 K0　C0 M0 Y0 K100

2. 背景色采用茶色，搭配白色作主角色，再点缀高纯度黄色和黑色，极具现代感和明快的节奏。

简约风·简洁、利落而富有内涵

简约风格的细部空间色彩设计遵循简练、有效的原则，讲求“少既是多”。最常见的方式是黑、白、灰等无色系的组合，抑或是黑、白、灰基调下搭配高纯度的色彩，如黄色、橙色、红色等高饱和度的色彩，都比较常见。简练的造型配以突出的色彩组合，能够让家居更具生气。

在家居空间的角落中，当配色足够简约时，可以增加一些造型夸张的简洁款式装饰品，为素净的色彩增添层次感，让造型和色彩完美融合。

三角型配色中蓝色色调最深，将其作为主色与白色环境搭配，干练而简洁，明色调的黄色面积次之，再加入少量淡浊色调的红色，虽然活泼却不刺眼。

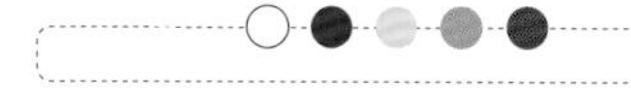

简约风格家居细部空间配色速查

色系	配色	说明
无色系	白色 + 黑色或白色 + 灰色	此两种组合是比较经典且常用的简约风格细部配色方式，具体使用时，可结合居室的面积来决定大面积使用的色彩，大量使用白色最具宽敞感
	黑、白、灰组合	纯粹的黑、白、灰组合，是最为经典的简约风格配色方式，虽然色彩数量少，但明度上具有递进变化，因此并不单调。
	黑、白、灰 + 银色 / 金色	在黑、白、灰的基调上，加入一些金色或银色，它们所依附物体的造型是塑造简约风格的关键，可选具有简约造型特点的款式，不宜过于复杂
无色系 + 彩色	黑、白、灰 + 暖色	以黑、白、灰为基调搭配一种或多种暖色，所营造的氛围主要依靠暖色的纯度以及使用的数量，纯度高数量多则活泼，纯度低数量少则温暖
	黑、白、灰 + 冷色	用黑、白、灰单独或组合搭配蓝色、蓝紫色等冷色，能够塑造出素雅、爽朗的细部空间氛围。淡雅的冷色可大面积使用，深冷色建议做辅助或点缀
	黑、白、灰 + 中性色	在黑、白、灰的基础上搭配中性色，细部空间氛围的营造主要取决于占据中心位置的是绿色还是紫色，它们的色彩情感是有区别的
	黑、白、灰 + 多彩色	用黑、白、会组合多种色彩，是最具活泼感的简约风格细部空间配色方式。活泼感的强弱取决于所用色彩的纯度，以及使用色彩的数量

配色技巧

白色为主适合小户型

以白色为主表现简约感，特别适合户型不大或者转角较多的细部空间。顶面、墙面甚至是地面都使用白色，而后重点墙面加入一些彩色，宽敞而又简洁。

大面积的白色环境中，将浓蓝色用在中间部位，静谧、简洁。

玄关和过道转折较多，大量使用白色搭配浅木色的衣柜和淡米黄色地面，温馨而简洁。

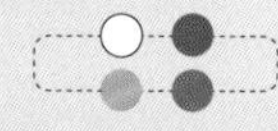

配色禁忌

高纯度色彩是简约风格中比较常用的色彩，但此类色彩过于耀眼，最适合做点缀色或辅助类色彩使用，在使用时需要注意面积的控制，尽量避免等面积的使用过多的纯色，容易混乱而失去主次，缺乏融合感。

✗ 面积相等的色彩过多，具有凌乱感觉。

✗ 纯色面积过大，与无色系组合刺激感过强，具不舒适感。

配色 搭配秘籍 /无色系组合/

C0 M0 Y0 K0
C0 M0 Y0 K100
C76 M75 Y76 K51

1. 白色大面积使用，黑色与其穿插组合，明度形成了强烈的对比，明快而简约。

C0 M0 Y0 K0
C6 M4 Y23 K6
C61 M56 Y46 K0
C0 M0 Y0 K100

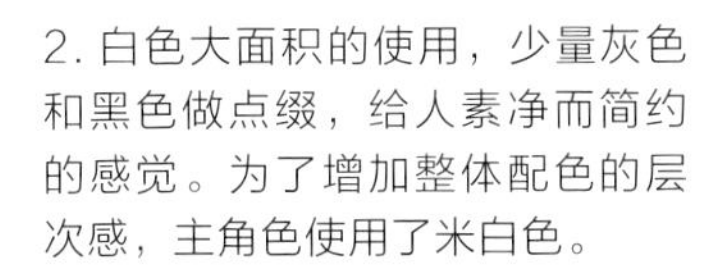

2. 白色大面积的使用，少量灰色和黑色做点缀，给人素净而简约的感觉。为了增加整体配色的层次感，主角色使用了米白色。

C91 M87 Y87 K78　C0 M0 Y0 K0
C21 M15 Y16 K0

1. 将黑色作为墙面背景色，为了避免过于阴郁，主角色和点缀色大量使用白色，塑造出了简约而干练的过道氛围。

C0 M0 Y0 K0　C51 M58 Y77 K5
C0 M0 Y0 K100

2. 大量使用白色营造简约的基调，搭配少量的黑色、银色和金色，极具个性和科技感。

C0 M0 Y0 K0　C23 M18 Y17 K0

3. 几个银色的金属装饰，为以白色为主的玄关空间，增添了一丝时尚感和趣味性。

/无色系+彩色/

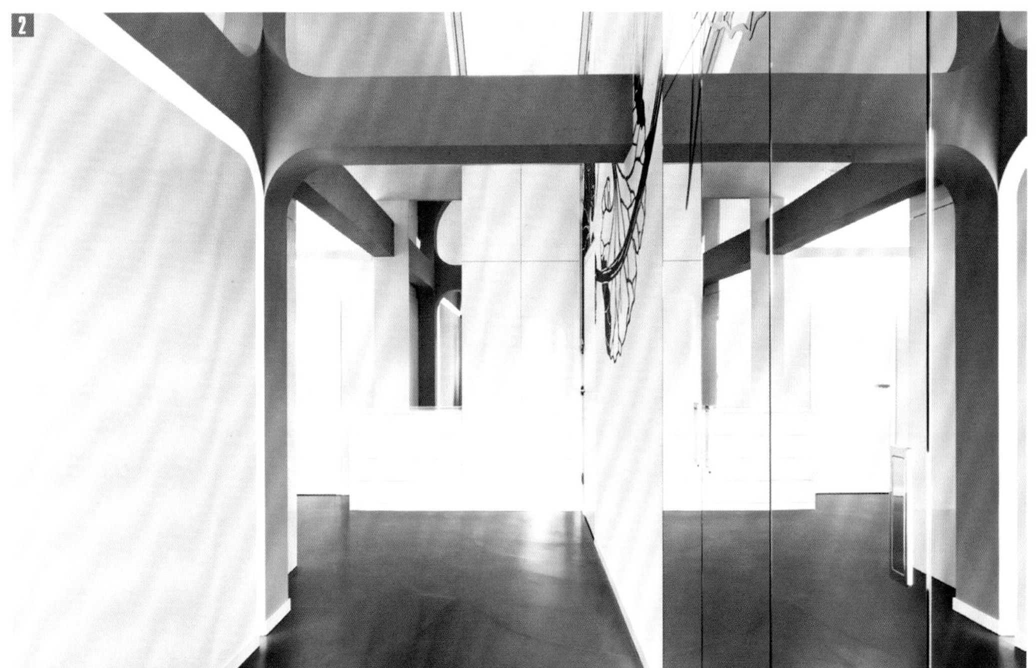

C0 M0 Y0 K0　C0 M0 Y0 K100
C40 M96 Y98 K8

1. 在黑、白、灰的基调中，点缀一点深红色，不但增添了一丝时尚感且不会破坏简约的整体感。

C0 M0 Y0 K0　C65 M45 Y78 K2
C70 M58 Y50 K3

2. 淡绿色的墙面，搭配白色和灰色的寝具，清新而又带有一丝自然感。

C14 M9 Y14 K0　C0 M0 Y0 K100
C34 M54 Y18 K0

1. 用微浊色调的紫色，与白色和黑色搭配，为简约空间增添了一丝典雅感。

C0 M0 Y0 K0　C3 M30 Y67 K0
C47 M61 Y72 K4　C40 M95 Y46 K0
C71 M56 Y36 K2　C9 M80 Y77 K0

2. 以白色为主色大面积使用，搭配多色组合的装饰画，使略为单调的空间变得生动起来。

C0 M0 Y0 K0　C62 M52 Y54 K1
C80 M74 Y70 K44　C32 M29 Y36 K0

3. 过道空间比较宽敞，墙面和地面全部采用灰色，搭配浅木色和白色组合的椅子，简约而素雅。

1

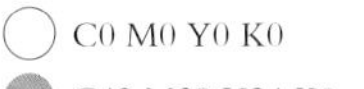

C0 M0 Y0 K0　C52 M12 Y13 K0
C42 M29 Y24 K0　C57 M71 Y46 K2
C75 M69 Y93 K49

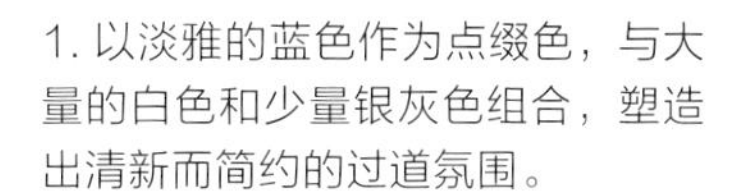

1. 以淡雅的蓝色作为点缀色，与大量的白色和少量银灰色组合，塑造出清新而简约的过道氛围。

2

C0 M0 Y0 K0　C66 M58 Y51 K3
C23 M35 Y72 K0　C50 M55 Y75 K3
C56 M88 Y94 K43　C78 M80 Y64 K40

2. 设计师在墙面上使用了明度较低的灰色，为了减轻压抑感，使用了原木鞋柜及一张带有对比色的块毯。

北欧风 · 摒弃虚华，追求艺术灵感

北欧风格的家居细部空间，色彩设计以朴素、纯净为原则，摒弃不必要的虚华，追求质朴感。常见的色彩有白色、黑色、棕色、灰色、浅蓝色、米色、浅木色等，其中独有特色的就是无色系的使用，常以黑白或灰白两色结合，不使用其他任何颜色，塑造干净、利落的感觉。

白色和纯净的蓝色用作墙面背景色，搭配浅木色和黑色组成的家具，具有浓郁的北欧风情。

以原木色和白色组合，占据了阳台的主要位置，朴素而又具有温润的感觉，少量点缀一点彩色，丰富了层次感，增添了生活气息。

北欧风格家居细部空间配色速查

无色系	白色 + 黑色		此种色彩组合是比较经典的北欧风格居室配色方式之一，最具北欧特点的是纯粹的黑白组合，通常是以白色做大面积布置，黑色做小面积使用
	白色 + 灰色		此种色彩组合，也是具有代表性的北欧风格居室配色之一，此种方式仍然呈现简约感，但对比感有所减弱，要更细腻、柔和一些，整体较朴素
	黑、白、灰组合		三色组合，基本不加入其他色彩，实现了明度的递减，层次较前两种配色方式更丰富。通常是将白色大面积使用，灰色面积次之，黑色的使用面积最少
无色系＋彩色	黑、白、灰＋彩色		在黑白灰基调下，加入一种或多种彩色的配色方式。彩色的纯度都不会太高，通常是淡色或加入灰色的浊色调，即使是对比色，也是柔和的弱对比
	黑、白、灰＋原木色		木类材料是北欧风格的灵魂，淡淡的原木色最常以木质地板、家具或者家具边框呈现出来，多组合大面积白色或灰色，个性一些也可搭配黑色
	黑、白、灰＋原木色＋彩色		在无色系与原木色的基础上，加入一种或多种彩色组合。彩色多作点缀使用，也可作主角色，其中淡蓝色和果绿色比较常见

配色技巧

①黑色多为辅助或点缀

细部空间主要是家居中的阳台、过道、玄关等空间。多数户型中，面积都比较小或者狭长，在使用黑色时，建议作为配角色或点缀色，否则容易感觉阴暗。如果是采光较好的狭长过道，也可以用在尽头的墙面上，以缩短长度。

②多彩色可用一体式图案呈现

镜面材料如水银镜是现代风格的代表材料之一，如果想要使用银色，可用镜面材料呈现，还可起到扩大空间感的作用。

加入的色彩大部分明度接近，虽然数量多，但具有融合感，唯一的明蓝色椅子，强化了北欧风格的纯净感。

配色禁忌

高纯度色彩宜少量使用：在北欧风格的细部空间中，最常使用的是黑白灰或低调的彩色，偶尔也会使用高纯度色彩，需要注意的是，这些色彩要控制面积，最佳方式是作为靠枕、鲜花等点缀色来呈现，否则容易破坏北欧居室的雅致感。

✗ 高纯度的彩色用在了客厅中的焦点部位上，虽然面积不大，仍然具有很强的视觉冲击力，这种方式不适合北欧风格的家居细部。

✓ 灰色和白色为主的空间中，蓝色作为主角色出现，虽然具有一点艳丽感，但整体感觉很内敛且不失清新韵味，符合北欧风格的意境。

配色 搭配秘籍 /无色系/

C0 M0 Y0 K0
C0 M0 Y0 K100

1. 白色占据了空间的各个界面的背景色位置及主角色位置，仅搭配少量黑色点缀，执着而洗练。

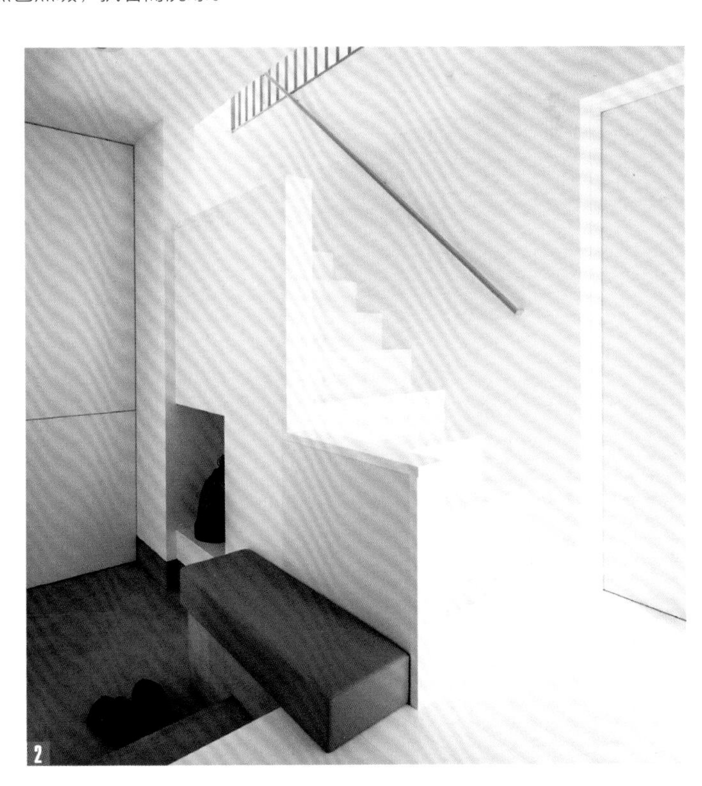

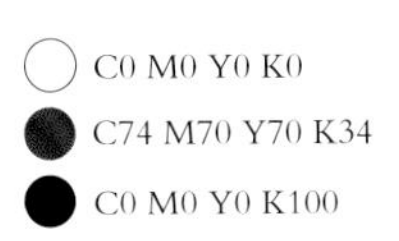

C0 M0 Y0 K0
C74 M70 Y70 K34
C0 M0 Y0 K100

2. 灰色用在地面上搭配白色的顶面和墙面，点缀少亮黑色，没有一点其他色彩，执着、简洁而素净。

C0 M0 Y0 K0　C0 M0 Y0 K100
C64 M86 Y84 K44

1. 白顶、白地搭配黑色墙面和家具，少量棕色做调节，对比明快，具有极简特点。

C0 M0 Y0 K0　C0 M0 Y0 K100
C44 M43 Y42 K0　C50 M0 Y100 K40

2. 以黑色作为主角色和配角色，搭配白色和少量灰色做点缀，素净而雅致，塑造出具有突出北欧特点的阳台空间。

/ 无色系 + 彩色 /

C48 M62 Y75 K4　C0 M0 Y0 K0
C43 M43 Y47 K0

1. 原木色的扶手搭配同相型地面和白色的墙面，加以大块面的利落造型，朴素而具有力度。

C0 M0 Y0 K0　C31 M5 Y10 K14
C22 M33 Y77 K0　C72 M41 Y100 K2
C20 M18 Y18 K0

2. 在白色和灰色组成的基调下，搭配柔和的青色、黄色、绿色，舒适而具有细微的活泼感。

C10 M5 Y4 K0　C0 M0 Y0 K0
C32 M62 Y79 K0　C0 M0 Y0 K100

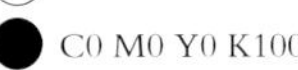

3. 淡蓝色的墙面、浅米色的地面，搭配浅木色和黑色家具，给人纯净而清新的整体感觉。

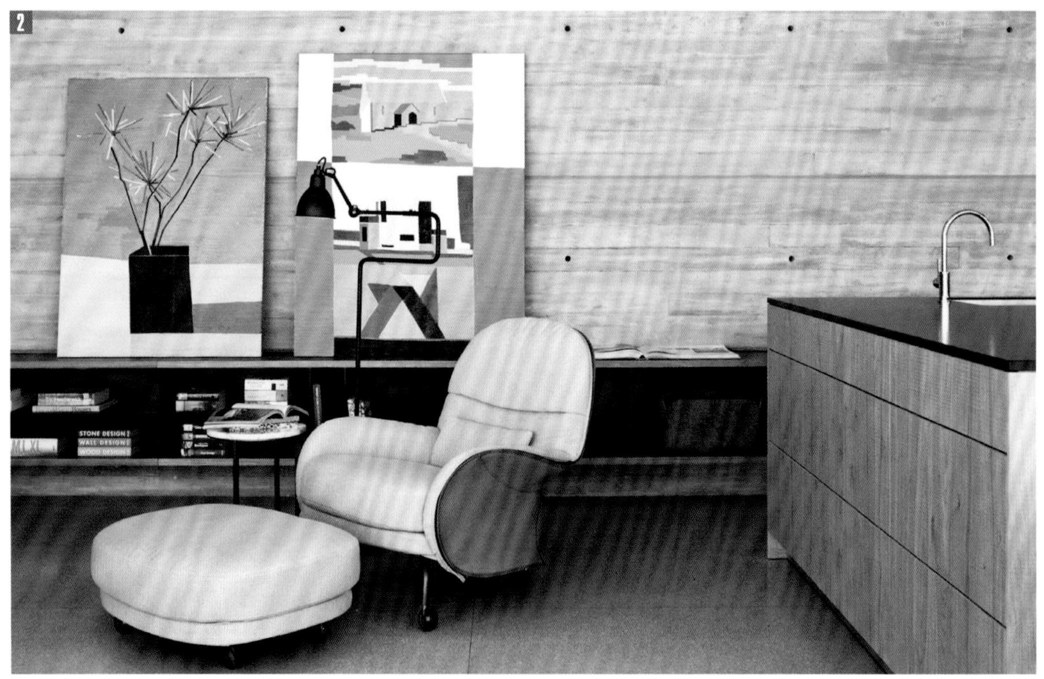

C0 M0 Y0 K0　C64 M74 Y100 K44
C0 M0 Y0 K100

C37 M28 Y21 K0　C44 M97 Y86 K10
C5 M10 Y28 K2　C43 M28 Y9 K0

1. 玄关用白色和深色系的木色组合，搭配黑色的大门，凸显出北欧风格简洁的一面。

2. 整体采用了北欧风格的色彩及造型，装饰画却选择了现代风格，实现了两种风格的完美融合。

C0 M0 Y0 K0　C52 M14 Y48 K0　C0 M0 Y0 K100

1. 果绿色与白色和木色搭配，给人十分舒适、轻松的感受。

C0 M0 Y0 K0　C57 M74 Y88 K28　C34 M47 Y90 K0　C0 M0 Y0 K100

2. 墙面与地面同样使用了原木材料，但涂刷成了白色，加以黑色、黄色做点缀，彰显出北欧风格质朴而纯净的特点。

田园风·舒畅而惬意的身心享受

田园风格没有过于严格的定义，总体来说，给人亲切、悠闲、朴实感觉的家居都可以说是田园风格，其色彩设计核心就是回归自然，所有的色彩均来源于自然界中的植物、花卉、土地等事物的色彩，例如绿色、黄色、粉色、大地色系等。此风格最主要的特征就是营造一种舒适而惬意的氛围，让人在室内享受自然。

米色和白色装饰墙面，地面搭配浅棕色，整体环境质朴而温馨，加入深棕色的家具和少量彩色点缀，使层次感更丰富。

墙面使用淡绿色除了烘托田园氛围外，还可以让空间显得更宽敞，彩色的墙面彩绘，增添了童趣。

田园风格家居细部空间配色速查

绿色为主	绿色 + 大地色 + 白色 / 米色		将具有代表性的绿色和大地组合，再搭配一些白色，能够为田园居室增添一些纯净的感觉，如果想要柔和一些，可以用米色取代白色
	绿色 + 红色 / 粉色		源自于花朵的配色，绿色与红色或粉色组合的时候纯度不能过于类似，否则表现不出花朵欣欣向荣的感觉，若采用花朵图案表现，自然感会更强
	绿色 + 黄色 + 白色		此种色彩组合方式，具有温暖而惬意的感觉，组合中的绿色，若略带黄色调，会更具协调感，白色的加入能够增加明快感
	绿色 + 多彩色		适合同时与绿色搭配表现田园韵味的色彩有黄色、粉色、大地色、红色、白色、米色等，搭配时，需要注意色彩的主次
大地色系	大地色 + 白色 + 米色		不改变大地色系素雅、亲切的感觉，同时又能增添一些明快感和柔和感的田园配色方式。白色或米色可以用在墙面上，搭配大地色系的家具就非常舒适
	大地色 + 其他彩色		此种配色方式兼具亲切感和自然感，若选择淡雅的彩色，可将其作为墙面色彩，大地色用在地面或家具上；若选择深一些的彩色，适合作配角色或点缀色

配色技巧

白色也可用来展现田园韵味

田园风格中也有一些唯美的种类，例如韩式田园。这类田园风格多用纯净的白色，搭配一些碎花图案，而材质的选择很重要，白色用木质表现更符合风格意境。

白色的木质墙面、门窗，搭配碎花图案粉色和绿色结合的布艺以及藤编的收纳筐，演绎出清新、唯美的田园韵味。

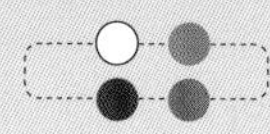

配色禁忌

过于艳丽的色彩不适合表现田园韵味： 田园风格的细部空间中不宜使用过于艳丽的色彩，如橙色、红色、紫色等，可小面积用于装饰画或布艺装饰上。大面积的冷色，同样不宜使用，特别是暗冷色过于冷峻，没有舒适感。

✘ 暗冷色过于阴暗，大面积使用不符合风格特征。

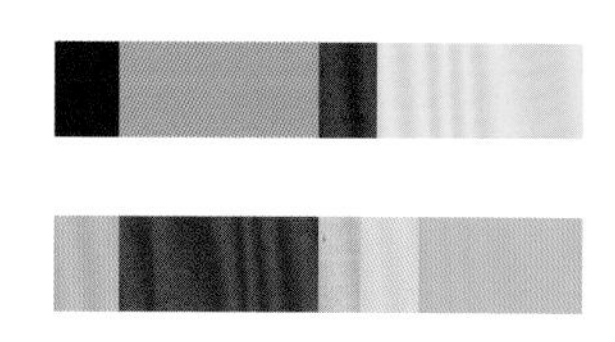

✘ 艳丽的色彩大面积使用过于活跃，缺乏惬意感。

配色 搭配秘籍

/ 绿色系 /

C39 M25 Y86 K0　C0 M0 Y0 K0
C5 M18 Y70 K10　C57 M72 Y98 K27
C54 M39 Y71 K0

1. 白色木质墙裙，搭配绿色乳胶漆，具有清新基调，而后再搭配原木柜子，田园韵味更浓郁。

C0 M0 Y0 K0　C5 M10 Y28 K2
C58 M53 Y77 K5　C36 M35 Y45 K0

2. 墙面采取白色和米色组合的方式，搭配绿色的家具，清新而细腻。

C29 M24 Y34 K0　C0 M0 Y0 K0
C20 M0 Y28 K13　C67 M60 Y73 K16
C51 M56 Y66 K2

3. 淡米色的柜子搭配以绿色和白色为主的墙面，虽然色相少但仍具有丰富的层次感。

C50 M35 Y70 K2　C65 M76 Y85 K52
C24 M29 Y44 K0　C12 M20 Y79 K0

1. 将由不同明度绿色组成的树叶图案壁纸用在墙面上，搭配深棕色的家具和相框，犹如回归田野之间，但仔细品味后，可发现造型上又不乏细节美。

C50 M27 Y84 K0　C77 M62 Y96 K39
C15 M32 Y52 K0　C30 M100 Y86 K0
C31 M63 Y30 K0　C54 M73 Y68 K13

2. 不同明度的绿色用在墙面上，搭配红色、粉色、黄色等，具有丛林感。

C0 M0 Y0 K0
C30 M14 Y75 K9
C62 M64 Y78 K19
C34 M37 Y48 K0

1. 当墙面大面积使用果绿色，而将白色和大地色用在顶面和门上时，仍然很田园，但更清新。

C0 M0 Y0 K0
C50 M0 Y100 K40
C48 M51 Y80 K1

2. 利用家居中的阳台空间，种植一些绿植、草皮，再搭配一些干燥的木质，就可以变成一个充满田园风情的休闲之地，无须出门就可以亲近自然。

/ 大地色系 /

1. 砖石搭配厚重的木质楼梯，质朴而亲切，但略显单调，绿色植物的加入改善了这一缺陷。

- C37 M43 Y53 K0
- C58 M100 Y94 K53
- C82 M65 Y100 K48
- C0 M0 Y0 K0

2. 背景色主要是大地色系，略显单调，搭配一把白色的休闲椅以及绿色植物，让阳台变得充满生机和田园气息。

- C21 M47 Y68 K0
- C0 M0 Y0 K0
- C60 M42 Y51 K0
- C0 M60 Y100 K40

C0 M0 Y0 K0
C19 M7 Y13 K0
C32 M50 Y47 K0
C40 M40 Y54 K0
C75 M40 Y20 K0
C76 M70 Y67 K32

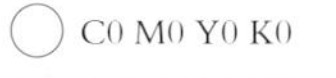

1. 以淡蓝色和白色为主、花朵图案的椅子，为以大地色为主的空间增添了一丝清新。

C0 M0 Y0 K0
C55 M25 Y100 K24
C20 M28 Y82 K0
C63 M81 Y91 K51
C44 M98 Y98 K13

2. 以大地色和绿色结合表现居室内的田园气息，以对比色的装饰画点缀，减轻了大地色的厚重感。

法式风·演绎不朽的奢华魅力

法式风格家居细部空间的配色设计，追求的是宫廷气质和高贵而低调奢华的感觉，同时又具有一点田园气息。最常见的手法是用洗白处理具有华丽感的配色，展现风格特质与风情。主色多见白、金、深色的木色等，家具多为木质框架且结构粗厚，多带有古典细节镶饰，彰显贵族品位。

黑色和银灰色组合的家具，与大地色背景墙组合，加以少量金色的点缀，个性而又奢华。

棕色木质隔断搭配带有曲线花纹的同色地面，协调、统一又具有动感。

法式风格家居细部空间配色速查

白色+无色系	白色＋黑色＋灰色	以黑、白、灰中的两种或三种组合为主色，属于法式风格中的个性配色方式。黑色和灰色最长用在家具上，且常结合丝绒或带有变换感的材质
	白色＋金色 / 银色	此种组合方式具有低调的华丽且典雅的感觉，选材上多见磨砂质感的材料
浪漫色调	粉色 / 紫色	最具浪漫气息和女性气质的紫色、粉色经常被使用，淡色调或浊色调的紫色、粉色最常大面积使用，多搭配白色或近似色组合，少见刺激的对比
清新色调	绿色 / 冷色	绿色可表现法式风格细部空间田园的一面，且多与大地色组合使用；冷色为主的法式居室具有高雅而清新的感觉，也是比较具有代表性的法式家居色彩之一
大地色系	大地色组合	将大地色系色彩组合作为主要色彩使用时，通常是用木质材料或布料呈现出来，为了避免沉闷感可以搭配一些浅色做调节，这种配色具有厚重感和传统感
	大地色＋白色	此种组合方式是法式配色中较为朴素的一种，通常是用白色作主要色彩，大地色用在地面或做点缀色，不加入其他色彩或少量使用浅灰色

配色技巧

大面积使用白色可用黑色制造节奏感

大面积使用白色能够塑造出具有纯净感和高贵感的细部空间法式韵味，白色并不是没有层次的一抹白，而往往是多种白色材料的组合，或搭配简化的欧式造型。但是也容易让人感觉单调，此时可以用一些黑色的家具作跳色，与白色形成鲜明的对比，制造出节奏感。

白色大量使用，黑色作主角色，少量金色点缀，简洁而不失宫廷气质。

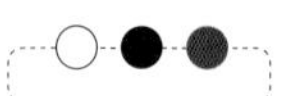

配色禁忌

色彩宜华丽而不宜艳丽：法式风格中的常用紫色、紫红色、粉色等浪漫感的色彩，在使用时需要注意色调的掌控。可以华丽但不能过于艳丽，艳丽的紫红色、粉色等过于甜腻，与法式风格基调不协调。

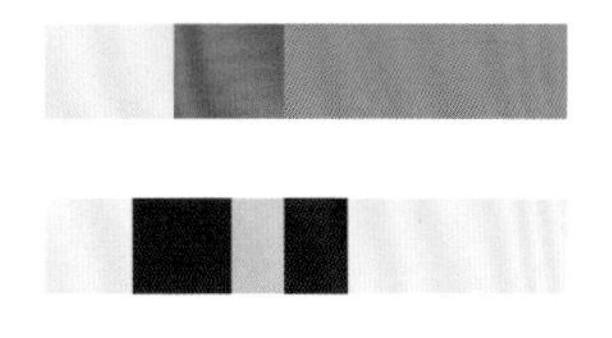

✗ 所使用的彩色过于艳丽，不符合法式风格诉求。

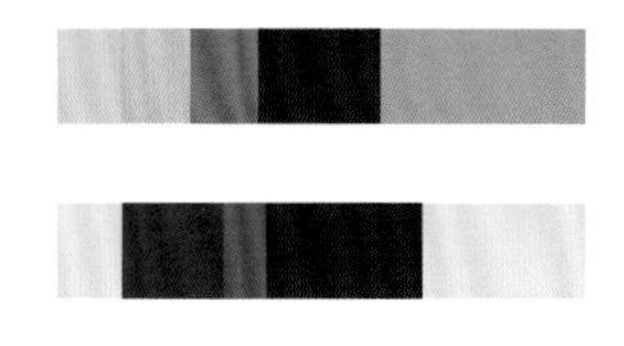

✓ 使用浓色能够增加华丽感，也可使用浅色。

配色 搭配秘籍

/ 白色 + 无色系 /

C0 M0 Y0 K0　C28 M38 Y59 K0
C63 M72 Y82 K34　C0 M0 Y0 K100

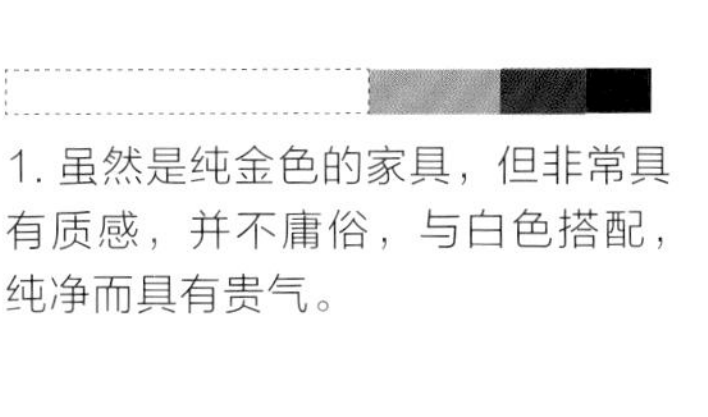

1. 虽然是纯金色的家具，但非常具有质感，并不庸俗，与白色搭配，纯净而具有贵气。

C0 M0 Y0 K0　C65 M75 Y87 K44
C50 M0 Y100 K50

2. 白色大量使用能够彰显出宽敞、纯净的感觉，搭配大地色的木质地面，十分高雅。

C52 M43 Y41 K0　C0 M0 Y0 K0
C0 M0 Y0 K100　C32 M59 Y25 K0

3. 选择一张以黑色和金色为边框的粉色椅子，加入到黑、白、灰的环境中，为宫廷风的环境增添了一丝浪漫。

/ 浪漫色调 /

C0 M0 Y0 K0
C13 M22 Y38 K0
C46 M56 Y44 K0
C19 M26 Y40 K0

1. 在柔和典雅的整体氛围中，加入浊色调紫色和淡金色的家具，彰显尊贵、高雅。

C23 M24 Y21 K0
C89 M72 Y80 K55
C17 M35 Y65 K0
C46 M69 Y99 K8

2. 淡浊色调的粉色与米黄色组合装饰墙面，搭配暗绿色的家具，具有强烈的对比性。

/ 清新色调 /

C0 M0 Y0 K0　C84 M63 Y60 K17
C76 M85 Y88 K70　C16 M19 Y27 K0

1. 墙面和地毯的金黄色奠定了客厅的豪华气息，橙色窗帘的使用，进一步强化了华丽感，并增添了层次。

C32 M38 Y67 K0　C47 M20 Y15 K16
C78 M75 Y73 K47　C52 M72 Y86 K25

2. 当蓝色与米色组合时，既清新又具有细腻柔和的感觉，很适合用在小空间中塑造法式风格。

/ 大地色系 /

C0 M0 Y0 K0　C12 M34 Y54 K2
C49 M55 Y55 K20　C0 M0 Y0 K100

1. 柔和的浅色调大地色为背景色，塑造典雅感，搭配黑色和金色结合的家具和装饰，增添了高贵感。

C0 M0 Y0 K0　C0 M0 Y0 K100　C57 M63 Y64 K8
C67 M56 Y37 K0　C16 M25 Y22 K0

2. 以无色系为主的配色搭配宫廷风的家具以及壁画，为尊贵的宫廷注入了一丝时尚感。

C0 M0 Y0 K0　C30 M39 Y55 K0
C0 M0 Y0 K100　C97 M96 Y0 K0

1. 当黑色与金色组合时，就像国王的权杖般有着不可逾越的权力感，足够高贵，再点缀同色系的暗金色和宫廷蓝，将这种感觉发挥到极致。

C50 M49 Y45 K3　C74 M77 Y85 K55
C0 M0 Y0 K0　C30 M47 Y69 K16

2. 楼梯踏步和主体看上去都是白色的，实际上踏步是淡米灰色，小范围内具有层次感，搭配深棕色的金属扶手，具有浓郁法式风情。

简欧风·来自欧洲的清新、唯美

简欧风格是将现代材料及工艺与欧式古典风格的提炼结合，仍然具有传承的浪漫、休闲、华丽大气的氛围，但比传统欧式风格更清新、内敛。色彩设计高雅而唯美，多以淡雅的色彩为主，白色、象牙白、米黄色等是比较常见的主角色，以浅色为主深色为辅的搭配方式最常用。

白色大量使用塑造极具纯净的感觉，搭配米色木质地面及少量银色装饰，体现简欧风格简洁而大气的特点。

居室中所有的色彩均为类似色系，所以具有非常稳定、统一的感觉，在典型的简欧背景色中加入两张前卫感的椅子，是传统与现代的撞击。

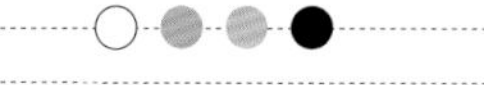

简欧风格家居细部空间配色速查

色系	配色	说明
无色系	黑、白、灰组合	 白色不仅用在背景色上还会同时用在主角色上，分别搭配无色系的黑色或灰色，或同时搭配黑色及灰色，有时少量点缀一点低彩度的彩色
	无色系＋大地色	 适合大面积空间，配色方式有两种，一是较色调对比大的，与白色、米色、象牙白等浅色组合；另一种是色调差小，整体感觉厚重的，与灰色或不同色调的大地色相组合
	金属色	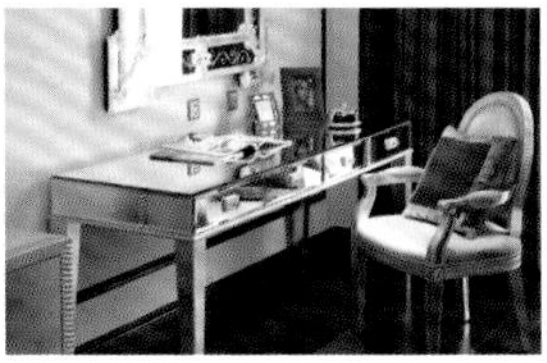 具有低调的华丽感，银色通常是光亮的质感，而金色并不使用具有庸俗感的亮金，而是具有高贵感和品质感的暗金、浅金等
其他彩色	暗红	 属于简欧风格中建委常见的配色方式，复古中还带有一点明媚的感觉，若追求略明快的感觉，可以用暗红搭配象牙白、白色或米色等浅色
	绿色	 绿色多采用柔和的色调，基本不使用纯色。可以加入两者的同类色来丰富层次，例如黑色、米黄色、米色、蓝色等
	冷色	 冷色的使用主要有两种方式，一种是与白色、米色等浅色搭配在一起，另一种是与大地色搭配在一起，无论哪一种方式，蓝色或蓝紫色多为明色调或淡浊色调，暗色系比较少用
	紫色、紫红色或粉色	 此类色彩多与浅色组合，可以用在部分墙面上，也可作为配角色或点缀色使用，这种配色方式倾向于女性化一些，效果更大气而浪漫

配色技巧

小面积可以白色为主

家居细部空间中有很多面积小的空间，此时表现法式风格就不适合采用深色系，以白色为主少量搭配深色，能够显得更宽敞、明亮。

空间中家具的色彩较纯，如果背景色也用高纯度色彩，容易令配色显得激烈，没有重点；因此采用大面积无彩色进行配色，令空间呈现出带有简欧风格客厅的低调、轻奢的氛围。

配色禁忌

使用冷色须注意色彩的搭配：清新感的法式风情主要依靠冷色和白色来塑造，但如果仅使用这两种色彩很容易让人感觉孤寂、冷清，加入一些暖色可以解决这种感觉。但暖色的比例要注意掌控，面积不宜过大也不宜过于鲜艳。

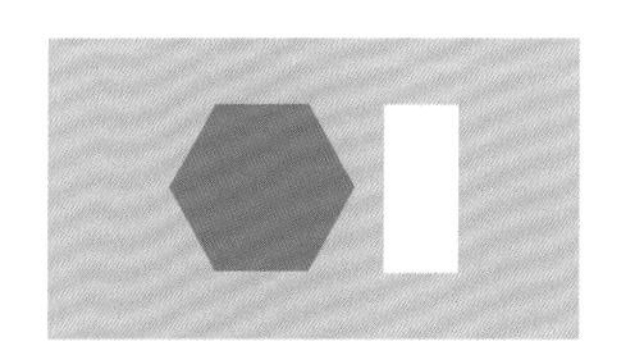

✘暖色面积过大，活泼但不够清新。

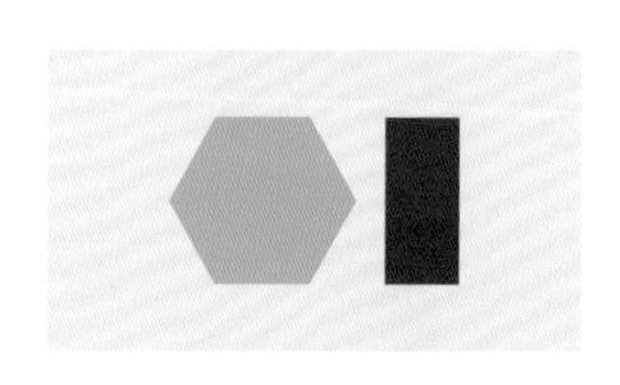

✘暖色过于艳丽，与冷色对比过强，活泼而不清新。

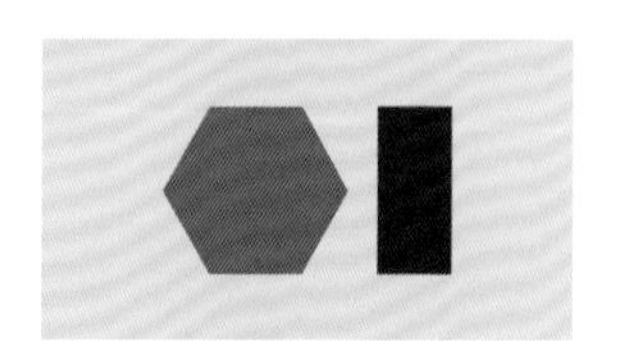

✘暖色占据了主要位置，且面积大，清新感不显著。

配色 搭配秘籍

/白色为主/

C0 M0 Y0 K0　C87 M83 Y82 K72
C53 M57 Y71 K4　C46 M42 Y42 K0

1. 过道空间采用了完全的无色系组合配色方式，以白色为主，表现出简欧风格大气而高雅的一面。

C0 M0 Y0 K0　C0 M0 Y0 K100
C0 M0 Y0 K35

2. 以黑、白、灰为主的简欧配色，是古典与现代的彻底融合。用大量黑色与白色组合用在中心部分，彰显简洁、时尚的简欧气质。

1

2

C0 M0 Y0 K0
C53 M49 Y46 K0
C69 M75 Y77 K44
C0 M0 Y0 K35
C0 M0 Y0 K100

1. 白色用在墙面和地面上，搭配暗金色的台灯和装饰画，具有高雅感和艺术气质。

C0 M0 Y0 K0
C0 M0 Y0 K100
C14 M22 Y40 K0
C73 M78 Y90 K60

2. 米白色地面搭配白顶、白墙，具有微弱的层次感，同时还能保留执着、稳定的感觉，而黑色的加入使整体对比更分明，凸显个性。

C0 M0 Y0 K0
C0 M0 Y0 K100
C72 M79 Y90 K61
C61 M52 Y53 K1
C6 M9 Y30 K6

1. 旋转楼梯采用了具有动感的大块面造型，配以经典而个性的黑白组合，让人印象深刻。

C0 M0 Y0 K0
C12 M11 Y16 K0
C66 M59 Y70 K13
C31 M32 Y43 K0
C0 M0 Y0 K100

2. 空间内的色彩数量很少，但却并不显得单调，其中白色的穿插使用非常关键。

/ 其他彩色 /

C15 M100 Y45 K59　C0 M0 Y0 K0
C0 M0 Y0 K100　C0 M0 Y0 K35
C44 M96 Y100 K11

1. 用黑、白色结合的家具，与暗红色背景墙搭配，使过道空间华丽、复古而又具有活力。

C0 M0 Y0 K0　C65 M56 Y70 K10
C0 M0 Y0 K100　C61 M75 Y79 K34

2. 墨绿色是绿色中比较冷的一种，与白色组合具有一种复古的清新感。

C0 M0 Y0 K35 C0 M0 Y0 K0
C13 M18 Y35 K0 C45 M22 Y21 K0
C67 M38 Y53 K0 C0 M0 Y0 K100

1. 淡蓝色、暗金色和米灰色相组合，形成了一种非常多元化的简欧气质。

C66 M79 Y67 K34 C28 M30 Y29 K0
C0 M0 Y0 K0 C0 M0 Y0 K100

2. 暗红色墙面的使用，强化了居室古典的感觉。为了避免过于暗沉，加入了白色和浅灰色做调节。

C29 M23 Y73 K0 C0 M0 Y0 K0
C86 M80 Y0 K0 C41 M100 Y100 K7
C0 M0 Y0 K100

3. 黄绿色兼具黄色和绿色的特点，与白色和暗棕色搭配，为简欧居室增添一丝自然感。

新中式风 · 带来风雅古韵的精致生活

新中式风格是对中式古典风格的提炼，将精粹与现代手法结合，色彩设计有两种形式，一种是以黑、白、灰色为基调，搭配米色或棕色系做点缀，效果较朴素；另一种是在黑、白、灰基础上以皇家住宅的红、黄、蓝、绿等作为点缀色彩，此种方式对比强烈，效果华美、尊贵。

居室内大面积为白色，将绿色用在窗帘上，作为可移动的背景色，可迅速改变室内整体气氛。

青色用瓷器和抽象水墨画的形式展现出来，体现出古典与现代的碰撞。

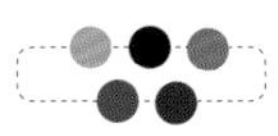

新中式风常见色彩

黄色、蓝色、无色系饰品

蓝色、红色台灯

多色组合的丝绸布艺

浅棕色圈椅

新中式风格家居细部空间配色速查

类别	配色	说明
无色系	无色系同类配色	 此种色彩组合源于苏州园林。效果朴素，具有悠久、沧桑的历史感。可以加入同为无色系的金色或银色，塑造具有低调奢华感的效果
	无色系+棕色系	 朴素而雅致，具有禅意，通常不会加入使人感觉过于艳丽的色彩，若觉得单调，可以加入少量黑色或米色做调节
无色系+皇家色	无色系+单彩色	 常用的彩色有红色、黄色、绿色、紫色、蓝色等，其中红色和黄色最具代表性。这些色彩可以是纯色的，也可以是浓色调的，能够具有华丽感的色调，多作为点缀色使用
	无色系+对比色	 对比色多为红蓝、黄蓝、红绿对比，与红色、黄色一样，同样取自古典皇家住宅，在主要配色中加入一组对比色，能够活跃空间的氛围
	无色系+近似色	 最常见的近似型组合是红色和黄色，这种组合尊贵、华丽的感觉非常强烈，也可用橙色来替换红色；若追求清新感，也可选择蓝色和绿色的组合
	无色系+多彩色	 选择两种以上色彩搭配，与基调色彩组合，最具动感。色调可淡雅、鲜艳，也可浓郁，但这些色彩之间最好拉开色调差

配色技巧

深暗色彩可用跳色展现

在新中式家居中，塑造复古韵味，深色和暗色是比较常用的色彩。如果在墙面上大量使用此类色彩很容易显得阴暗，用家具边框、灯具部件、悬挂装饰等跳色来呈现会更协调。

空间面积不大，所以大量地使用白色制造宽敞感，家具选择了深棕色木框架的中式款式，点缀以宫灯及书法作品，具有浓郁的古雅韵味。

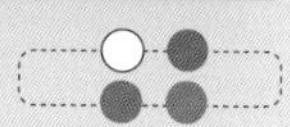

配色禁忌

华丽的浓色、高纯度色彩不适合大面积使用：能够体现新中式风格高雅的色调是灰色系，虽然暗沉的暖色也具有厚重感，但过于浓郁、华丽，不适合大面积地作为客餐厅的背景色或主色使用，表现不出优雅感；高纯度的色调过于活跃，同样也不宜大面积运用，来表现新中式的高雅氛围。

✘ 浓色大面积使用过于华丽，没有高雅感。

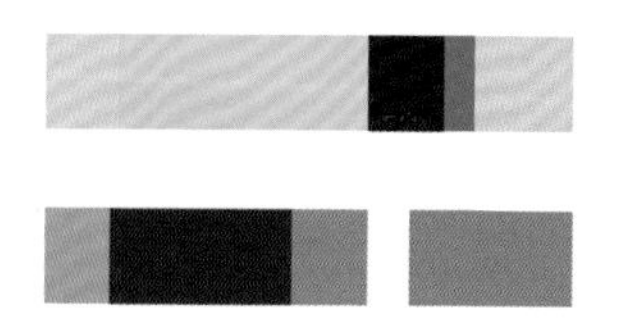

✘ 纯色大面积使用过于跳脱，失去古雅感。

配色 搭配秘籍

/无色系/

C0 M0 Y0 K0　C0 M0 Y0 K35
C57 M72 Y100 K28　C0 M0 Y0 K100

1. 灰色是源于苏州园林中砖石的配色，当大量使用灰色搭配中式软装时，就会显得非常肃穆。

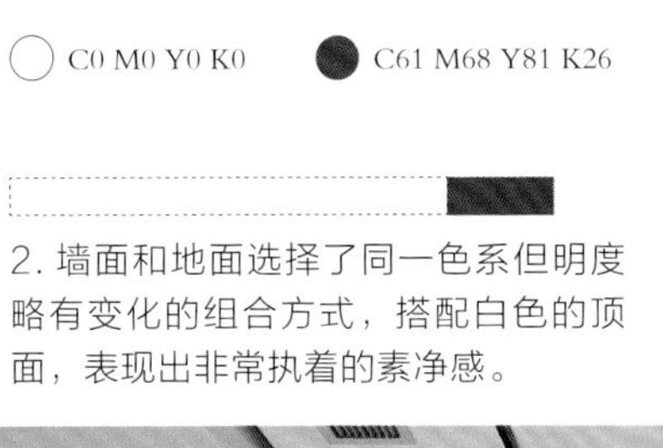

C0 M0 Y0 K0　C61 M68 Y81 K26

2. 墙面和地面选择了同一色系但明度略有变化的组合方式，搭配白色的顶面，表现出非常执着的素净感。

1

2

C54 M43 Y43 K0　C0 M0 Y0 K0
C0 M0 Y0 K100　C30 M30 Y35 K0

1. 以灰色、黑色为主，穿插地加入白色和米色，虽然没有彩色但仍具有节奏感。

C0 M0 Y0 K0　C70 M55 Y49 K1
C33 M42 Y50 K0　C78 M59 Y100 K32

2. 墙面以白色为主，搭配灰色和大地色拼接的地面，既具有中式韵味又可起到分区的作用。

C0 M0 Y0 K0　C58 M51 Y47 K0
C45 M69 Y89 K6　C61 M76 Y91 K39

3. 灰色仿砖石材料的墙面搭配棕色木质地板，无论是材料还是配色均具有浓郁的中式韵味。

C0 M0 Y0 K0
C68 M57 Y73 K13
C55 M74 Y100 K26
C4 M23 Y72 K0
C12 M21 Y36 K0

1. 灰色石材墙面上的纹路是大自然的鬼斧神工，配以木料做旧处理的传统样式柜子做几案，展现出新中式现代与古典融合的特点。

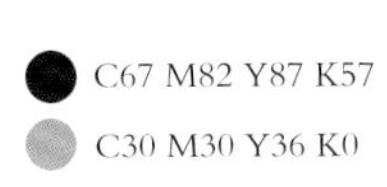

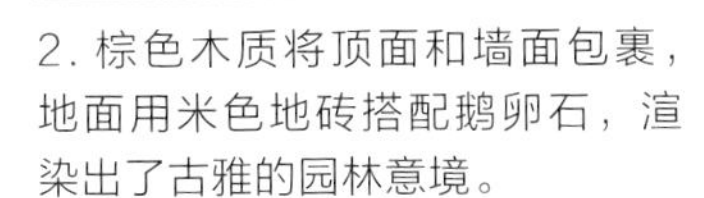

2. 棕色木质将顶面和墙面包裹，地面用米色地砖搭配鹅卵石，渲染出了古雅的园林意境。

C0 M0 Y0 K0　C44 M46 Y42 K0
C24 M41 Y72 K0　C66 M75 Y97 K49

1. 以无色系为主的空间配色方式，具有浓郁的朴素感和庄重感，为了避免过于严肃，地面搭配了浅色木质做调节。

C0 M0 Y0 K0　C47 M63 Y84 K5
C59 M63 Y85 K16　C0 M0 Y0 K100

2. 以大地色系为主色，采用不同明度的大地色组合，整体氛围具有内敛的古典感，青花瓷花瓶和花卉的圆润线条是点睛之笔，让居室“活”了起来。

/ 无色系 + 皇家色 /

C0 M0 Y0 K0　C26 M96 Y100 K3
C33 M100 Y100 K13　C51 M62 Y65 K13

C57 M36 Y31 K0　C42 M67 Y100 K3
C36 M90 Y88 K2　C57 M72 Y84 K25

1. 在白色为主的空间中，搭配红色作为主角色和点缀色，犹如雪地中盛开的红梅，沁人心脾。虽然空间中的色彩种类很少，但并不缺乏细致的层次感。

2. 墙面使用浅蓝灰色，搭配黄色古典柜子和红色福字装饰画，简洁而又具有古雅品位。

C0 M0 Y0 K0　C0 M0 Y0 K100
C47 M61 Y15 K0　C84 M57 Y27 K0
C9 M11 Y35 K0

1. 若不想将紫色作为固定配色中的一部分，选择紫色花卉是个不错的办法，可以随时更换。

C13 M13 Y15 K0　C57 M76 Y100 K33
C44 M100 Y100 K33　C84 M74 Y17 K0

2. 深红色的靠枕和小几选择了中式古典花纹和造型，为原本素雅的居室增添了富贵、喜庆的韵味。

C0 M0 Y0 K0　C17 M68 Y89 K0
C70 M81 Y81 K56　C0 M0 Y0 K100
C13 M38 Y58 K0

1. 浓色调的橙色与米黄色组合属于暖色系近似型，兼具古典氛围和活力感。

C70 M72 Y81 K44　C58 M79 Y100 K40
C50 M100 Y100 K29　C57 M37 Y92 K0

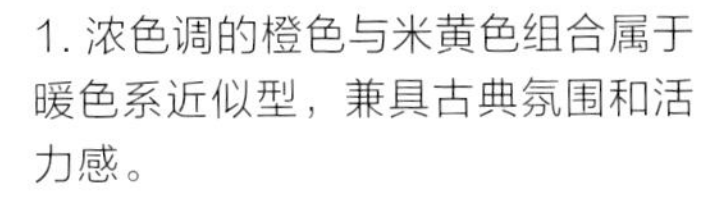

2. 红色和绿色用花朵刺绣的形式加入到空间中，具有浓郁的中式古典气质。

地中海风·自由奔放、色彩明亮

地中海风格的色彩设计自由奔放、非常丰富，具有纯美、明亮、大胆、简单的特点，以及明显的民族性和显著的特色。塑造地中海风格配色往往不需要太大的技巧，只要保持简单的意念，捕捉光线、取材大自然，大胆而自由地运用色彩、样式即可。

深绿色家具与淡蓝色墙面组合，清新而又具有明度对比所制造的层次感。

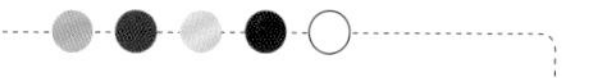

棕色木质隔断搭配带有曲线花纹的同色地面，协调、统一又具有动感。

地中海风格客餐厅配色速查

色系	组合	图片	说明
蓝色系	蓝色系 + 白色		此种色彩组合方式是具有代表性的地中海风格色彩设计方式，源自于希腊的白色房屋和蓝色大海，具有纯净、清新的美感
	蓝色系 + 对比色		用蓝色搭配黄色、红色等，配色方式源于大海与阳光，视觉效果活泼、欢快，最常见的是蓝色和黄色的组合方式
	蓝色系 + 绿色系 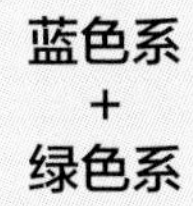		此种色彩组合方式源于大海、沙滩与岸边的绿色植物，给人自然、惬意的感觉，绿色和蓝色属于近似色，所以仍然会具有清新感
	蓝色系 + 大地色系		将两种典型的地中海代表色相融合，喜欢清新中带有稳重的感觉，可将蓝色搭配白色作为主色；喜欢亲切中带有清新的感觉，可将大地色作为主色
大地色系	大地色组合		包括土黄色、土红色、旧白色、蜂蜜色等，此类色彩源于北非特有的沙漠、岩石、泥土等天然景观的颜色，具有亲切感和土地的浩瀚感
	大地色 + 多彩色		大地色系同时搭配多种彩色，这些色彩通常明度和纯度都比较低，能够减轻大地色的厚重感，同时具有低调的活泼感

配色技巧

小装饰可使用海洋元素

在细部空间中可以摆放或者悬挂一些海洋元素的装饰品，来增添生活气息强化海洋风格的特征，例如小鱼、海星、帆船、船锚、救生圈等。色块拼接、条纹、格子等典型地中海风图案可广泛用于软装布艺中。适当的时候还可以加一些铁艺家具、绿色小植物等。

以温馨又略带活泼感的米黄色搭配白色为主，点缀以少量蓝色和红色，犹如海风拂面，舒适而愉悦。

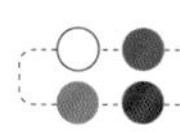

配色禁忌

蓝色的对比色不宜过于鲜艳：很多时候，会使用蓝色的对比色来装饰墙面，最常用的是黄色。需要注意的是，虽然是奔放的配色方式，但也不建议使用纯色，容易使人感觉刺激、烦躁，如米黄色、深黄色等比较合适。

浅浅的黄色犹如早晨的阳光，搭配一点蓝色，犹如清晨下的海滩，舒适而惬意。

配色 搭配秘籍

蓝色系

C0 M0 Y0 K0　C84 M69 Y30 K0
C39 M49 Y68 K0

1. 以白色为主，蓝色用在可以移动的窗帘上，白天更纯净而夜晚更清新。

C0 M0 Y0 K0　C100 M86 Y35 K0
C0 M40 Y100 K20

2. 经典的蓝白组合，白色占据绝对的面积优势，蓝色用在门、楼梯等构建部分，在小的装饰上加入一些红色等彩色点缀，纯净、清新而又具有细腻感。

1

2

C6 M9 Y30 K6　C47 M20 Y15 K16
C0 M0 Y0 K0　C48 M76 Y64 K5

1. 用淡浊色调的蓝色做墙面色彩，搭配浅米色的楼梯踏步以及白色的装饰柜，清新却不冷清，且兼具柔和、细腻感。

C0 M0 Y0 K0　C83 M62 Y27 K0
C50 M0 Y100 K40　C23 M35 Y72 K0

2. 在蓝白为主的环境中，加入一些绿色的植物，不仅能够增添层次感，也使色彩的结合更自然、更协调。

C0 M0 Y0 K0　C97 M82 Y50 K16
C47 M20 Y15 K16　C65 M0 Y100 K50

3. 白色用在墙面上，搭配蓝色的木质楼梯，整个楼梯间给人非常凉爽、清新的感觉，绿色植物的加入增添了一丝自然气息。

1. 红蓝白条纹图案的沙发，为蓝白为主的清新地中海空间增添了些许活跃感。

C74 M54 Y35 K0
C0 M0 Y0 K0
C43 M95 Y100 K00
C97 M82 Y50 K16
C6 M18 Y55 K6

2. 大量的白色运用在过道墙面上，点缀以接近纯色调的少量蓝色和红色，展现出了地中海风格纯美的配色特点。

C0 M0 Y0 K0
C80 M34 Y40 K0
C28 M100 Y100 K29

/ 大地色系 /

C0 M0 Y0 K0
C73 M66 Y98 K43
C61 M80 Y92 K45
C8 M43 Y82 K0
C40 M50 Y59 K0

1. 茶色的仿古砖和深茶色的铁艺家具具有浓郁的地中海特点，点缀以绿植和绿色植物主题的装饰画，进一步强化了自然韵味。

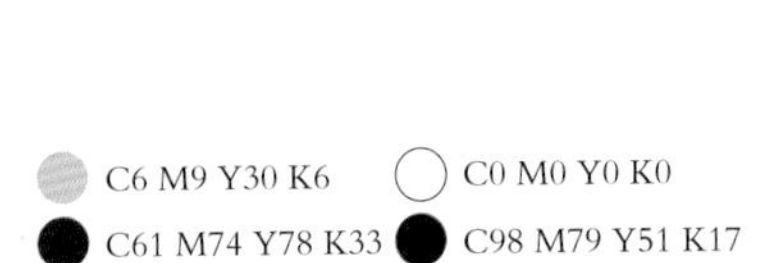

C6 M9 Y30 K6
C0 M0 Y0 K0
C61 M74 Y78 K33
C98 M79 Y51 K17

2. 大地色中比较深的色调，用在地面部分或者家具上，不易产生沉闷的感觉。

C16 M26 Y68 K0　C61 M95 Y95 K57
C95 M85 Y0 K50

1. 将白色和深棕红色组合作为楼梯间的主色，且白色在上、棕红色在下，明快且又表现出了北非地中海风格浩瀚、厚重的感觉。

C6 M9 Y30 K6　C61 M80 Y100 K47
C46 M98 Y93 K18　C5 M10 Y53 K2
C71 M57 Y94 K20

2. 以暖色系为主，整体使人感觉温馨又不乏淳朴气息，暗棕色的装饰柜与米黄色的墙面形成了鲜明对比，加以绿植和花卉的点缀，并不显得单调。

1

2

现代美式·简约与美式的完美融合

现代美式风格是时代发展趋势的产物，无论是造型还是配色，都比传统美式风格更简约、更丰富，也更年轻化。造型方面带有一些欧式元素，但更简约，基本不做复杂的吊顶。色彩搭配多以白色、米色为主，组合方式靠近简约风格，搭配灰色、黑色、蓝色、大地色等。

用淡蓝灰装饰墙面，对比色用在家具上，墙面和家具用白色做呼应，虽然是对比色但具有很强的融合性。

本案中将现代美式具有代表性的蓝色和大地色组合，使过道空间内融合了清新感和厚重感。

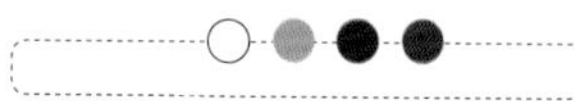

现代美式风格家居细部空间配色速查

色系	配色	图片	说明
蓝色系	蓝色 + 白色/米色		是现代美式具有代表性的色彩，用它与白色组合时，多为穿插式的搭配方式，例如蓝白条纹的壁纸或白色主体蓝色勾边的家具等
	蓝色 + 对比色		用蓝色组合黄色、橙色、红色等，属于比较具有个性的一种色彩设计方式。对比色基本不会使用艳丽的色调，整体形成具有雅致感的对比
无色系	灰色 + 彩色		所用彩色低彩度类型较多，如果想要都市一些的效果，可以将灰色大面积使用。为了避免单调感，地面可以使用一些大地色
	无色系组合		是具有简约感和都市感的现代美式风格配色方式。喜欢朴素、简约的感觉，可以用白色或灰色涂刷墙面，喜欢神秘一些，可以用黑色装饰部分墙面
大地色系	大地色 + 蓝色 + 白色/米色		采用这种配色时，通常是用浅色为墙面背景色，例如浅蓝色、白色或米色其中的两种或三种组合，大地色做地面背景色或用家具上
	大地色系 + 白色		用大地色系内部的色彩组合塑造现代美式居室时，整体感觉很复古，并带有执着感，为了避免过于单调和厚重，加入适量的白色，会更舒适
	大地色系 + 多彩色		这是最具活跃感的现代美式配色方式，彩色基本上不会使用纯色调的色彩，原则是无论使用什么色相型的多色组合，都不会有过于刺激的感觉

配色技巧

大地色系可以用皮质或木料表现

以大地色为主塑造现代美式风格时，如果使用一些纯色的材料很容易让人感觉单调、沉闷。可以选择如皮质、木料类的材料作为色彩的依托，例如皮质椅子、木质地板、木质柜等，这些材料具有纹理变化，本身就具有丰富的层次感，可以减弱大地色系的厚重。

条纹壁纸具有动感，家具的色彩显得比较厚重，两者结合虽然属于同色系，却不单调。

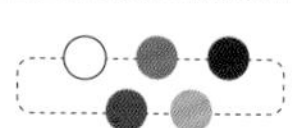

配色禁忌

避免大面积使用纯色：现代美式风格整体给人的是一种雅致的感觉，所以基本上不会采用过于刺激的色彩，尤其是纯色，很少大面积使用，当多种彩色一起出现时，可以少量、小面积地使用 1~2 种纯色调节层次，但整体应具有平稳感，不宜过于跳脱。

浊色调蓝色与淡浊色调米粉色的组合，彰显出具有理智感和高级感的现代美式家居空间气氛。

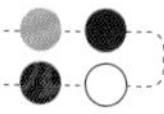

配色 搭配秘籍

/蓝色系/

C0 M0 Y0 K0　C81 M64 Y42 K2
C65 M70 Y88 K37　C75 M68 Y61 K21

1. 在采光较好的区域，可以采用深一些的蓝色作主题墙墙面的主色，其余部分搭配白色。

C51 M41 Y36 K0　C20 M8 Y14 K0
C0 M0 Y0 K0　C58 M18 Y6 K0
C48 M76 Y64 K5　C41 M91 Y39 K1
C22 M57 Y90 K0　C28 M21 Y86 K0

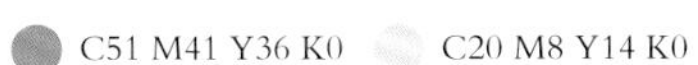

2. 墙面配色非常素净，而地面的配色又非常活泼，两者互相衬托，地面的地毯虽然色彩丰富，但色调具有融合感，且含有墙面和家具色彩，具有融合感。

C0 M0 Y0 K0
C57 M39 Y33 K0
C49 M64 Y78 K4
C0 M50 Y100 K20
C58 M84 Y71 K30

1. 过道空间很不规则，墙面大面积涂刷成淡蓝色穿插部分白色再搭配浅棕色的木质地板，清新、明亮而又具有美式特点，点缀色的色彩较多，但并不刺激，增加了微弱的活泼感，且丰富了整体层次。

C0 M0 Y0 K0
C34 M29 Y36 K0
C75 M62 Y23 K0
C66 M46 Y36 K0
C58 M23 Y100 K0
C44 M37 Y41 K0

2. 地面的瓷砖为渐变色花纹，层次感已经很丰富，为了避免太混乱，无论是墙面还是家具，选色都与其呼应，或为其中一种色彩的近似型，使整体统一中具有丰富的层次感。

/ 无色系 /

C0 M0 Y0 K0
C51 M41 Y36 K0
C91 M69 Y55 K16
C0 M0 Y0 K100

1. 采光不佳的位置，可以增加一些白色，少用一些灰色，空间会显得更明亮。

C0 M0 Y0 K0
C19 M24 Y86 K0
C0 M0 Y0 K80
C0 M0 Y0 K100

2. 灰色和白色结合作为背景色，搭配暗黄色和黑色组合的家具，表现出了具有典雅感的现代美式居室氛围。

/ 大地色系 /

1. 以具有厚重感的大地色系组合作为过道主色表现现代美式韵味，并搭配欧式风格的皮质家具，具有复古感和高级感。

C57 M60 Y84 K11
C0 M0 Y0 K100
C50 M57 Y79 K4
C0 M0 Y0 K0

2. 椅子上的彩色很活泼，多色构成的装饰画就选择了淡色调，主次分明，避免混乱。

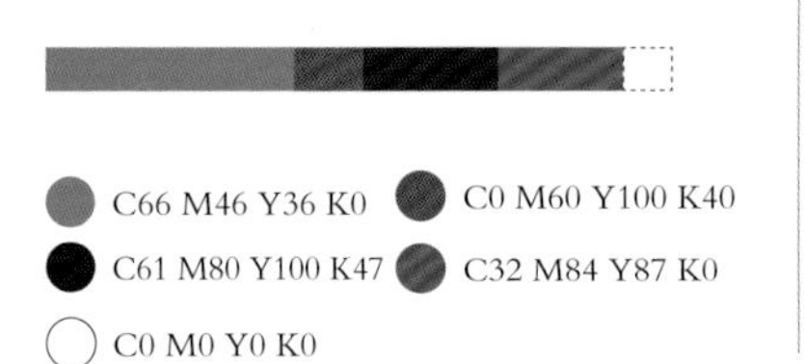

C66 M46 Y36 K0
C0 M60 Y100 K40
C61 M80 Y100 K47
C32 M84 Y87 K0
C0 M0 Y0 K0

C17 M23 Y45 K0
C42 M29 Y24 K0
C12 M21 Y100 K0
C60 M82 Y89 K45
C20 M0 Y100 K50
C5 M42 Y39 K0

1. 虽然使用了三角型配色，但避免了纯色调，展现出了现代美式的低调舒适感。

C0 M0 Y0 K0
C58 M77 Y72 K24
C14 M65 Y67 K0
C19 M45 Y56 K24

2. 柔和舒适的橘粉色装饰楼梯间的墙面，搭配棕色木质地面，为美式居室注入了甜美感和高雅感。

东南亚风·热带风情的居家享受

东南亚家居风格独具热带风情，其色彩设计主要有两种方式：一种是以褐色、咖啡色等大地色系为主，在视觉上有泥土的质朴感；另一种是使用较为艳丽的色彩做点缀，例如红色、绿色、紫色等，墙面局部有时会搭配一些金色的壁纸，用夸张艳丽的色彩冲破视觉的沉闷，在色彩上回归雨林色彩斑斓的自然特色。

带有暗纹的蓝色壁纸在光线下具有变换感，装饰墙面能够强化居室内的东南亚韵味。

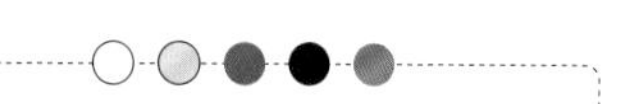

阳台全部使用大地色系的木质材料，少量绿色点缀，在阳光的照射下，使人犹如来到了雨林之中。

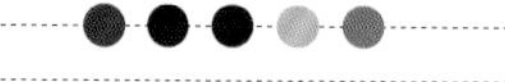

东南亚风格家居细部空间配色速查

色系	配色	图片	说明
无色系	黑、白、灰		用无色系中的黑、白、灰两种或三种组合作空间主要色彩，是最具有素雅感的东南亚风格配色方式，它传达的是简单的生活方式和禅意，黑色也可用暗棕色代替
大地色系	大地色系组合		在东南亚风格中，大地色系的各种色彩在户型组合后，通常会搭配一些白色或米色，与大地色系形成高差距的明度对比，弱化沉闷的感觉
	大地色 + 绿色		具有泥土般亲切感，在东南亚风格中的此种配色中，绿色和大地色之间的明度对比宜柔和一些
彩色	单彩色		使用一种彩色作为重点部分的主要色彩，例如背景色、主角色等，为了避免单调，所选材料在不同光线下具有的变换感能够更佳
	对比色		将对比色组合，例如红色、绿色的软装饰组合，用在其他颜色的家具上，这种方式仍然能够活跃氛围，但开放感有所减低
	多彩色		紫色、黄色、橙色、绿色、蓝色等至少三种组合与背景色搭配。此种方式最具魅惑感和异域特征，可以选择布艺或用泰丝材质呈现，可以使东南亚特点更浓郁

配色技巧

大面积墙面可使用变化感的材料

在家居细部空间中，有时会遇到一些墙面面积较大的情况，例如楼梯间，如果使用乳胶漆或者木料会让人感觉很单调，可以选择一些带有变换感的壁纸、艺术漆等材料。

楼梯间的墙面面积较大，背景墙使用了带有渐变感的孔雀蓝壁纸，强化了东南亚风格的特点，也避免了单调。

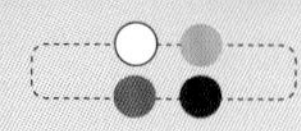

配色禁忌

彩色组合不宜使用过多的高纯度： 使用跳跃的色彩来冲破视觉的沉闷感是东南亚风格细部家居的常见装饰手法之一。但需要注意的是，这些彩色如果同时使用的数量较多时，尽量避免采用太多的纯色调，容易使人感觉过于刺激而失去舒适感。

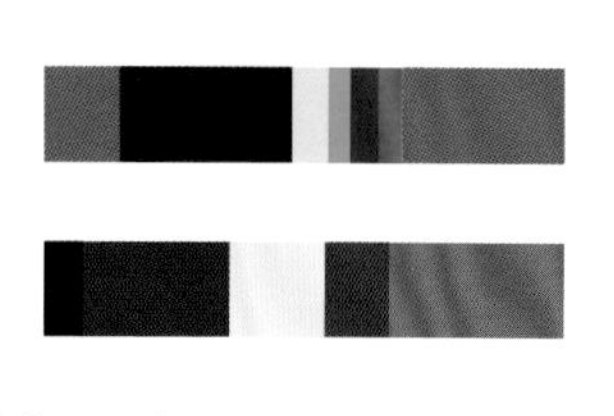

✘ 同时使用多种纯色，或纯色面积太大，感觉过于刺激。

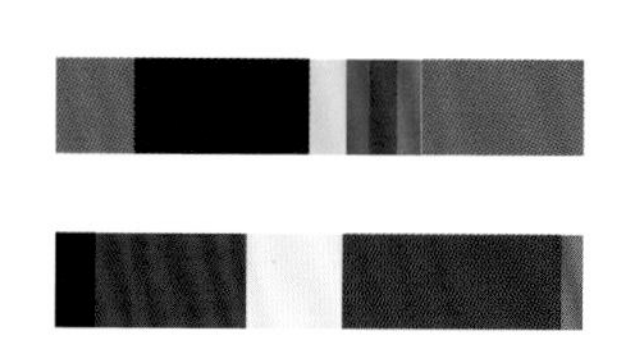

✔ 降低了部分纯色的明度后、缩小使用面积后，感觉更舒适。

配色 搭配秘籍

/无色系/

C0 M0 Y0 K0　C0 M0 Y0 K100
C23 M24 Y32 K0　C63 M53 Y51 K11

1. 在过道空间中，用黑色装饰品来搭配浅米灰的墙面及深灰色地面，素雅而又具有禅意。

C0 M0 Y0 K0　C14 M22 Y40 K0
C80 M78 Y84 K64　C41 M33 Y31 K0

2. 暗棕色木质搭配淡米黄墙面以及灰色的装饰，具有雅致而又朴素的韵味。

1

2

/ 大地色系 /

C2 M12 Y23 K0　C60 M82 Y89 K45
C0 M40 Y100 K40　C57 M72 Y100 K28

1. 本案色彩设计中，以白色和棕红色穿插组合为主，明快而不乏东南亚风格中的自然韵味。

C0 M0 Y0 K0　C36 M44 Y67 K0
C60 M82 Y89 K45　C74 M47 Y100 K7

2. 室内以大地色系为主色，塑造雨林意境，进行了高明度和低明度色彩的穿插，避免了沉闷感，绿色植物是点睛之笔。

C50 M51 Y66 K0　C0 M0 Y0 K0
C60 M82 Y89 K45　C38 M55 Y78 K0

3. 从居室结构上可以看出，窗的面积较大，所以大量地使用大地色系内不同明度的色彩组合，少量点缀一点白色来塑造东南亚风格，并不会感觉太沉重。

/彩色/

C58 M77 Y72 K24　C51 M89 Y50 K3
C77 M94 Y56 K32　C25 M36 Y83 K0
C5 M42 Y39 K10

1. 厚重的大地色木质墙面，搭配紫色系为主的多彩软装，塑造出具有异域风情的玄关空间。

C40 M56 Y67 K1　C80 M78 Y84 K64
C78 M81 Y68 K50　C46 M98 Y74 K17
C73 M24 Y42 K10　C22 M74 Y100 K0

2. 多彩色组合的坐垫放在大地色的居室中，冲破了大地色系空间的沉闷感，并增添了一些华丽的感觉。

- 橙与蓝的柔性碰撞
- 灰与黑的古朴之美
- 清新蓝调的浪漫演绎
- 邂逅婉约而纯净的复古白
- 领略春意盎然的田园风光
- 浓妆淡抹总相宜
- 摩登时尚的黑、白、棕
- 斑驳与原始的冲击

Chapter
4
实景案例——
呈现难以抵挡的
“视觉诱惑”

橙色融合了红色的热情和黄色的明媚，降低了一点纯度和明度的橙色在感官上会让人觉得更舒适，同时还不失去纯色调橙色的那种欢快的感觉。而蓝色象征着天空和大海，略带一点灰调的蓝色更是具有悠远的意境。将这样的橙色和蓝色组合，具有很强的张力，但避免了纯色调的配色方式，给人的感觉更柔和。

解析： 此案是一个小别墅，厅区高度为两层，楼梯占据的面积较大，各种转角也非常多。设计师别出心裁地用色彩的魅力来弱化结构上不足之处，用活泼的配色方式吸引人的目光。将橙色和蓝色作为色彩设计的主色，或结合或单独地使用在墙面上，搭配白色的门、窗，以及大地色的地面，非常活泼却也不失舒适感。由于墙面部分的配色已经非常突出，所以家具都采用了低彩度的木质，与墙面呈现两个极端，既不会失去主体地位，又让整体效果非常舒适。

1. 转角处转折较多，统一使用一种颜色有利于弱化这些转折。

2. 原木色的家具色彩与地面属于同色系，给人感觉非常整体。

3. 楼梯间整体使用橙色墙面，加入白色的装饰画与窗的颜色呼应的同时能够增加节奏感。

1. 二楼过道面积比较窄，使用亮蓝色，与一层配色呼应而又具有变化，同时兼具后退感。

2. 宽敞的过道部分墙面全部使用蓝色，与另一侧的橙色形成柔性对比。

3. 家具选择柔和感的木料搭配棕色，与地面呼应，增加柔和的感觉，避免整体配色的混乱。

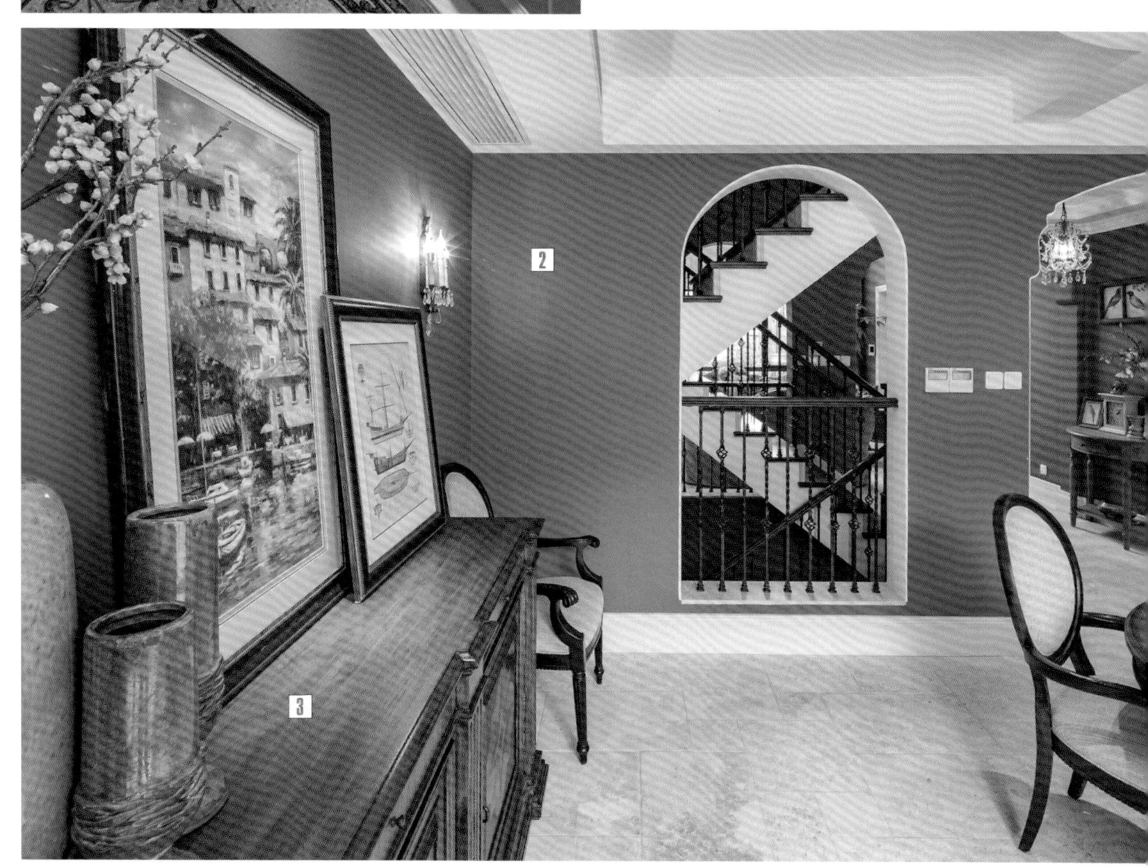

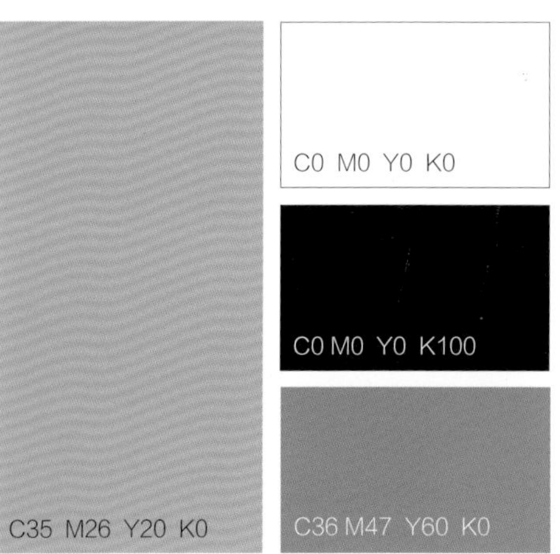
C0 M0 Y0 K0
C0 M0 Y0 K100
C35 M26 Y20 K0
C36 M47 Y60 K0

「灰与黑的古朴之美」

提起灰色和黑色，受时尚潮流的影响，很多人第一反应会想到简约、时尚等字眼。实际上，虽然这是两种经历了时间考验仍走在时尚前沿的经典色彩，但来源却是在古代，无论是经过传承仍然屹立的古村，还是作为传统文化仍然不断让人们研讨的水墨画，都可以见到灰与黑的身影，它们不仅现代而且也具有古典、质朴的美感。

解析： 基本上所有的墙面都是用了浅灰色，搭配白色的顶面和木质地面与家具，而灰色和黑色组合的水墨画作为纽带贯穿在整个家居中，色彩设计给人一种朴素而古雅的基调。而在楼梯部分，选择了用黑色与浅灰色结合，选材上用黑白根大理石搭配现代感的玻璃，增添了低调的华丽感，与其他部分的朴素形成了撞击，体现了现代与古典的完美融合。

1. 当大面积使用灰色表现复古的氛围时，色调很重要，浅灰色既不会缩小空间感又能彰显古雅的感觉。

2. 古代的家具多为实木材料，所以使用棕色系的木质家具能够强化复古氛围。

1. 转角处的小过道中，仍然是浅灰色的墙面，与空间整体呼应。

2. 过道采光较差，所以使用了深色的木质家具，用高差距的明度来增加明快的感觉。

C7 M13 Y20 K0

C61 M74 Y84 K34

C0 M0 Y0 K0

「清新蓝调的浪漫演绎」

近年来出现了一种新的流行色——雾霾蓝，它带有一种朦胧的美感，同时又不乏清新的气质，非常受到人们的欢迎。本案中就将这种朦胧的蓝色用在了墙面上，通过与其他色彩的结合，塑造出一种具有浪漫感的蓝调家居。

解析：本案的设计是一次色彩组合的完美演绎，由于细部位置都是过渡空间，顶面比较低，所以使用了白色顶面，意在提高一些视觉上的高度。多数空间中的墙面都是以清新的蓝调为主，包括窗帘都是相同的色相，搭配米色系的门窗和家具，而少数没有用蓝色墙面的空间，也将其用在了地面上，使其始终出现在家居各个角落中，贯穿始终。墙面以冷色为主，如果地面仍然使用类似的颜色或白色、灰色，就会过于冷硬，所以搭配了棕色系的木质地板，源自于土地的颜色增添了亲切感，使整体冷暖均衡，感官更舒适。

1. 窗帘与墙面呼应，使用了同相型配色，强化蓝调的感觉。

2. 家具选择米色木质而非白色，与灰调的蓝色墙面搭配更具柔和感，非常协调。

1. 在过道空间中，由于墙面面积比较大，蓝色更换了位置，而将米色用在了墙面上。

2. 在另一个宽敞一些的空间中，蓝色又回到了墙面上，但减少了使用面积，仍然搭配了部分米色。

邂逅婉约而纯净的复古白

白色明亮、干净、朴素、纯洁，它与黑色和灰色一样，都是历久不变的经典，表现结合了现代韵味的古典风格时，用它做结合是很容易获得协调效果的。很多人觉得白色单调，实际上白色也可以很婉约、很高贵，就像欧洲中世界的贵妇们，总会身着白色的蕾丝裙，代表的是一种品位和阶级。

解析： 这套配色方案带给人的是婉约而高贵的感觉，源于白色、银色和少量金色的使用。白顶、白墙、白色家具，搭配非常柔和的淡浊色调的棕灰色地面，纯净而又具有柔和感，婉约的感觉来自于基调的组合。而在细节部分上，为白色墙面搭配了条状的银色镜面，折射光线的特性能够扩大过道面积；小装饰采用透明玻璃与淡金色材质组合，与银色玻璃一起，增添了低调的华丽感。

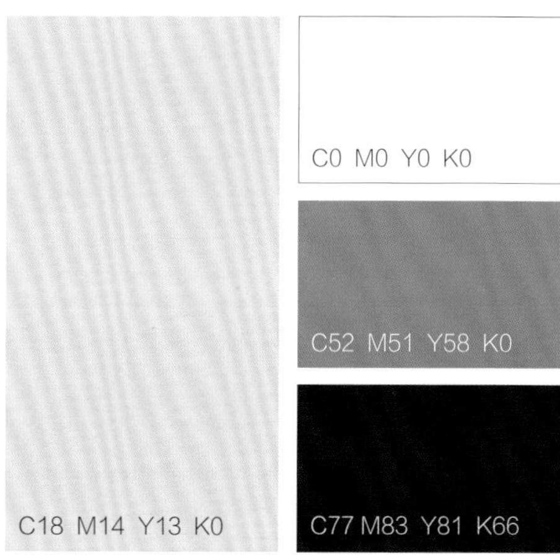
C18 M14 Y13 K0
C0 M0 Y0 K0
C52 M51 Y58 K0
C77 M83 Y81 K66

「领略春意盎然的田园风光」

解析： 整个家居的色彩设计目的是营造一种自然、欢快的田园氛围，从入口处就可见一斑。门厅部分是一个不规则的形状，所以在地面部分采用了多彩色的仿古砖进行拼接，在弱化不规则感觉的同时让人们进入空间后就感受到自由、惬意的感觉，墙面用充满希望感的嫩绿色搭配白色，使田园韵味更浓郁。而过道位于餐厅的一侧，由于餐厅的配色已经非常快乐，为了突出其主要地位，不让其他部位抢镜，过道的配色就较为朴素，仍然是绿色与白色组合，但纯度或明度更低。

1. 卧嫩绿色的墙面犹如新生的绿芽，给人充满希望的感觉，搭配白色梦幻而清新。

2. 与墙面纯净感相反的是，地面虽然色彩很多，但使用了仿古材料，强化了自然感。

1. 地砖深色和浅色间隔的铺设方式，增加了动感。

2. 过道卫浴夹缝中，属于次要空间，所以墙面色彩更低调，但仍具有田园特点。

3. 墙面色彩非常活泼，所以地面选择了淡淡的棕灰色，强化主题风格又不会抢镜。

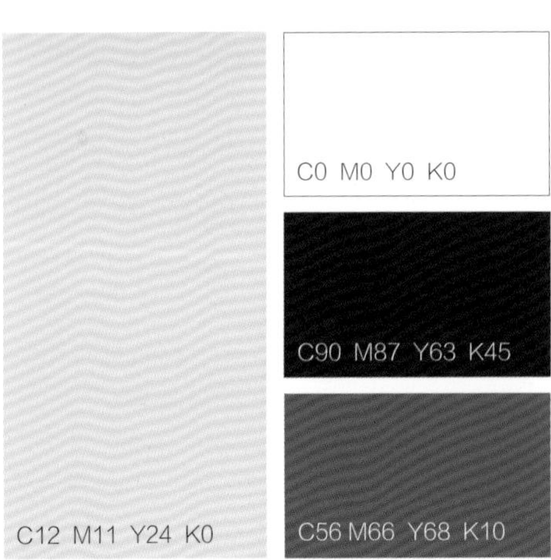
C0 M0 Y0 K0
C90 M87 Y63 K45
C12 M11 Y24 K0
C56 M66 Y68 K10

「浓妆淡抹总相宜」

解析：基于本案的家居空间面积较大，想要让每个空间的细部都与家居整体色彩设计呼应，就需要有一种颜色作为纽带，这里的纽带选择了百搭的白色。在玄关和更衣间中，白色占据了顶面和墙面的位置，地面均搭配了大地色，尽在色调上根据空间大小做深浅变化。而在其他家居细部空间中，白色面积有所减小，但无论与蓝色还是与灰色组合，总是会出现，虽然根据空间功能的不同配色各有特点，但总的来看却并不孤立，始终围绕着一个主题进行。

1. 此部分空间与玄关部分的联系体现在白色窗帘以及墙裙的使用上。

2. 家具采用蓝灰色与米色结合的款式，既体现出空间功能的区别，又与白色具有色调相近的部分。

1. 浅灰色的墙面搭配白色踢脚线和棕色地面，虽然具有变化但仍与整体色彩设计相呼应。

2. 家具选择了白色主体、黑色边框，并带有金色装饰的款式，增添了高档感。

此处的设计非常具有趣味性，将柜子和装饰画的设计结合，形成了一个人的形象，增添了童趣，配色仍离不开白色，呼应整体。

在角落中的部分，加大了白色的使用量，搭配蓝色和粉色，浪漫而纯净。

「**摩登时尚**的黑、白、棕」

可爱的黑白配是大熊猫，而摩登的黑白配最常见的是身穿黑白配的时髦女郎，当这位美女的肤色略带阳光感的棕时，就会给人留下深刻的印象。源于这种时尚感，本案中使用了黑色、白色和棕色系组合，营造了一种具有摩登感的时尚家居氛围。

解析： 玄关面积比较宽敞，所以墙面使用米灰色搭配灰色，配以黑色地面，选材上讲求多样化，石材拼花、文化石墙面以及壁纸墙面等，塑造出摩登的基调，因为背景色都比较暗，所以家具选择了亮光感的白色，通过强有力的明度对比，加强时尚感以及减弱基调中的沉闷感。而进入室内后，过道和阳台上，背景色上减少了黑色的使用，增加了棕色系，家具则使用黑色，使感觉更柔和一些。

1. 过道部分除了主题墙都使用了白色，且为与玄关家具相同的光亮材质，具有延续感。

2. 灰色主题墙与玄关墙面部分色彩呼应，搭配银色装饰，凸显时尚感。

1. 室内阳台和过道墙面以白色为主，但将玄关和过道中的灰色换成了深棕色。

2. 阳台空间窄小，窄墙以及窗帘都使用白色看起来会更宽敞一些。

3. 地面选材与部分墙面呼应，比起灰白、黑白的组合来说，仍然很时尚，但更柔和一点。

斑驳与原始的冲击

当站在一座墙面斑驳的牌坊前时，人们并不会觉得它太破烂，恰恰相反，从它并不完整的结构上能够感受到历史的痕迹以及文化的传承，给人们内心以十足的冲击力。任何不完整的东西，当有了经历，就能让人产生感觉，即使是原野中遒劲的枯木。

解析：这是一个复式结构的户型，比起平层来说具有更宽敞的空间，很多时候人们对宽敞的户型总是希望用各种造型和饰品来填满，以求给人留下深刻的美感，而本案的设计师却反其道而行，利用材料上面的斑驳质感和材料本身色彩的冲击力以及布局上大量的留白处理，给人十足的冲击力。灰色的水泥墙面与拼接的二手木墙面组合，搭配灰色的地面，虽然配色简单，但材质本身的纹理变化却制造出了丰富的层次感。少量的彩色出现在花瓶上，但仍避免了艳丽感，采用了灰调，搭配遒劲的枯枝，无论是色彩还是造型都具有画龙点睛的作用。

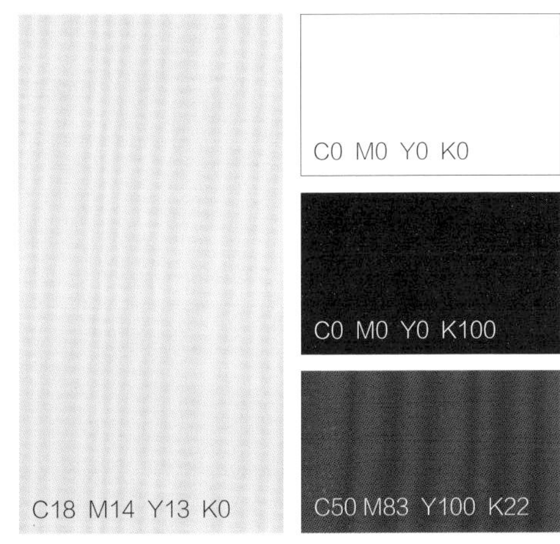
C0 M0 Y0 K0
C0 M0 Y0 K100
C18 M14 Y13 K0
C50 M83 Y100 K22

1. 二楼过道延续一楼地面材质，强化整体空间配色和材质使用的整体性。

2. 过道部位使用白顶和白墙，能够使空间看起来更明亮，且与灰色为同色系，与一楼也有所呼应。